Fähigkeit von Bluetooth Low Energy zur signalstärkebasierten Rückverfolgung von Bauteilen in der Einzel- und Kleinserienfertigung

Ability of Bluetooth Low Energy for Signal Strength-Based Tracing of Components in Single and Small Batch Production

Von der Fakultät für Maschinenwesen
der Rheinisch-Westfälischen Technischen Hochschule Aachen
zur Erlangung des akademischen Grades eines
Doktors der Ingenieurwissenschaften
genehmigte Dissertation

vorgelegt von

Hannes Elser

Berichter/in:

Univ.-Prof. Dr.-Ing. Robert Heinrich Schmitt
Univ.-Prof. Dr.-Ing. Achim Kampker, MBA

Tag der mündlichen Prüfung: 09. Dezember 2021

ERGEBNISSE AUS DER PRODUKTIONSTECHNIK

Hannes Elser

Fähigkeit von Bluetooth Low Energy zur signalstärkebasierten Rückverfolgung von Bauteilen in der Einzel- und Kleinserienfertigung

Herausgeber:
Prof. Dr.-Ing. T. Bergs
Prof. Dr.-Ing. Dipl.-Wirt. Ing. G. Schuh
Prof. Dr.-Ing. C. Brecher
Prof. Dr.-Ing. R. H. Schmitt

Band 30/2022

WZL | RWTH AACHEN UNIVERSITY

Fraunhofer IPT

Bibliografische Information der Deutschen Nationalbibliothek
Die Deutsche Nationalbibliothek verzeichnet diese Publikation in der Deutschen Nationalbibliografie; detaillierte bibliografische Daten sind im Internet über https://portal.dnb.de abrufbar.

Hannes Elser:

Fähigkeit von Bluetooth Low Energy zur signalstärkebasierten Rückverfolgung von Bauteilen in der Einzel- und Kleinserienfertigung

1. Auflage, 2022

Gedruckt auf holz- und säurefreiem Papier, 100% chlorfrei gebleicht.

Apprimus Verlag, Aachen, 2022
Wissenschaftsverlag des Instituts für Industriekommunikation und Fachmedien an der RWTH Aachen
Steinbachstr. 25, 52074 Aachen
Internet: www.apprimus-verlag.de, E-Mail: info@apprimus-verlag.de

Druck: CPI Druckdienstleistungen GmbH, Ferdinand-Jühlke-Straße 7 I 99095 Erfurt

ISBN 978-3-98555-099-9

D 82 (Diss. RWTH Aachen University, 2021)

Zusammenfassung

Das übergeordnete Ziel dieser Arbeit ist die Untersuchung der Eignung von Bluetooth Low Energy als Technologie für ein Indoor Echtzeit-Lokalisierungssystem zur Rückverfolgung von Bauteilen in der Einzel- und Kleinserienfertigung. Zur Erreichung dieses Ziels wurde unter Berücksichtigung der Rahmenbedingungen in der Einzel- und Kleinserienfertigung und dem Stand der Technik zunächst ein auf Bluetooth Low Energy basierendes Indoor Echtzeit-Lokalisierungssystem definiert und prototypisch umgesetzt. Mit Hilfe dieses Prototyps wurden die Einflussgrößen auf das Systemverhalten anhand von Versuchen im Produktions- und Laborumfeld untersucht. Basierend auf den gewonnenen Erkenntnissen, wurde in einem erweiterten Versuch unter industrieähnlichen Bedingungen die Leistungsfähigkeit des Indoor Echtzeit-Lokalisierungssystems anhand etablierter Kennzahlen bestimmt. Hierbei wurde die Lokalisierungsmethode des Fingerprintings unter Einsatz künstlicher neuronaler Netze angewendet.

Innerhalb einer industrieähnlichen Umgebung konnte so ein Bauteil mit einer Wahrscheinlichkeit von 69,58 % einem Raster mit 1 m Kantenläge korrekt zugeordnet werden. Darüber hinaus konnte ein Bauteil innerhalb selbstgewählter Bereiche, wie beispielsweise einem Montagearbeitsplatz, mit einer Wahrscheinlichkeit von 72,60 % korrekt lokalisiert werden. Die Vorhersage einer exakten Position innerhalb eines kartesischen Koordinatensystems, war mit einer mittleren Genauigkeit von 0,74 m möglich.

Als Fazit kann daher festgehalten werden, dass Bluetooth Low Energy als Technologie für ein Indoor Echtzeit-Lokalisierungssystem zur Rückverfolgung von Bauteilen in der Einzel- und Kleinserienfertigung grundsätzlich geeignet ist, solange die Anforderungen an die Genauigkeit sich im Bereich weniger Meter bewegen. Die Erstellung der erforderlichen Trainingsdaten und das Trainieren der künstlichen neuronalen Netze ist jedoch ein sehr zeitaufwändiger Prozess. Für eine praktische Implementierung in der Einzel- und Kleinserienfertigung muss dieser Prozess noch deutlich vereinfacht werden.

Abstract

The overall objective of this thesis is to investigate the suitability of Bluetooth Low Energy as a technology for an indoor real-time locating system for tracing components in single and small batch production. To achieve this goal, an indoor real-time locating system based on Bluetooth Low Energy was first defined and prototypically implemented, considering the general conditions in single and small batch production and the state of the art. With the help of this prototype, the influencing variables on the system behavior were investigated by means of tests in the production and laboratory environment. Based on the findings, the performance of the indoor real-time locating system was determined in an extended test under industry-like conditions using established key figures. Therefore, the localization method of fingerprinting was applied using artificial neural networks.

Within an industry-like environment, a component could be correctly assigned to a grid with an edge length of 1 m with a probability of 69,58 %. Furthermore, a component could be correctly located within a self-selected area, such as an assembly workstation, with a probability of 72,60 %. The prediction of an exact position within a cartesian coordinate system was possible with an average accuracy of 0,74 m.

As a conclusion, it can be stated that Bluetooth Low Energy is basically suitable as a technology for an indoor real-time locating system for tracing components in single and small-batch production, if the accuracy requirement is in the range of a few meters. However, generating the required training data and training the artificial neural networks is a very time-consuming process. For a practical implementation in single and small batch production, this process still must be simplified significantly.

Vorwort

Diese Dissertation basiert auf den Erkenntnissen, die ich mir als wissenschaftlicher Mitarbeiter am Lehrstuhl für Fertigungsmesstechnik und Qualitätsmanagement am Werkzeugmaschinenlabor WZL der RWTH Aachen University erarbeitet habe. Für die vielfältige Unterstützung während und nach dieser Zeit, möchte ich an dieser Stelle einmal Danke sagen!

Zunächst möchte ich mich bei meinem Doktorvater Herrn Professor Schmitt für die Möglichkeit zur Promotion an seinem Lehrstuhl sowie die letztendliche Betreuung meines Dissertationsprozesses bedanken. Darüber hinaus gebührt mein Dank Herrn Professor Kampker für die Übernahme des Zweitgutachtens sowie Frau Professorin Schmitz für die Übernahme des Prüfungsvorsitzes und Herrn Professor Abel für die Übernahme des Prüfungsbeisitzes. Für Feedback zu meiner Dissertation und Unterstützung bei meinem Dissertationsvortrag, möchte ich mich bei Max, Daniel, Ramona, Robin G., Maximilian, Hendrik, und Sebastian G. bedanken.

Des Weiteren möchte ich mich bei meinen Kolleginnen und Kollegen, die mich während meiner Zeit als wissenschaftlicher Mitarbeiter unterstützt haben, bedanken. Stellvertretend möchte ich hier folgende Personen namentlich hervorheben:

- Liebe Rebecca, lieber Jan, als erste Bürokollegin und -kollege möchte ich mich für das großartige Mentoring und die bis heute bestehende Freundschaft bedanken!
- Lieber Sean, Max, Hao und Sebastian G., als direkte Teamkollegen in den ersten Jahren habt ihr mich durch schöne und anstrengende Zeiten begleitet. Insbesondere der erfolgreiche Bau eines Demonstrators in einer Woche als Team wird mir in positiver Erinnerung bleiben!
- Lieber Peter, Robin E., Henning, Marco, Armin, Jianing, Daniel, Robin G., lieber Sebastian B. und Junjie, ich habe mich gefreut euch als Teamkollegen über die Jahre hinzuzugewinnen und danke euch für die fortlaufende Unterstützung in langen Nächten und die schönen Momente beim gemeinsamen Feiern von Erfolgen!

Ebenso möchte ich mich bei meinen wissenschaftlichen Hilfskräften und Abschlussarbeitern für Ihre Unterstützung bedanken. Stellvertretend möchte ich hier folgende Personen benennen:

- Lieber Malte, Jonas, Nils, Alexander, Daniel und Robin G., vielen Dank für eure zuverlässige Unterstützung bei der Planung von Großveranstaltungen, Bearbeitung von Forschungs- und Industrieprojekten sowie der Bewältigung der sonstigen alltäglichen Arbeit. Ohne euch hätte ich nicht so viele Projekte erfolgreich zum Abschluss führen können!
- Lieber Alexander, Daniel und Philip, vielen Dank für die großartige Vorarbeit welche ihr mit euren Abschlussarbeiten für meine Dissertation geleistet habt!

Darüber hinaus gebührt mein besonderer Dank meiner Familie – meinem Bruder, meinen Eltern und meinen Großeltern – die mich mein ganzes Leben lang unterstützt haben und auf welche ich mich im Zweifelsfall immer verlassen konnte beziehungsweise kann!

I Inhaltsverzeichnis

II Formelzeichen und Abkürzungen

Formelzeichen	Einheit	Beschreibung
Θ		Schwellwert
T		Glättungsparameter
x_j		Ausgabewert des Neurons j
x_{ij}		Eingangswert i des Neurons j
w_{ij}		Gewicht des Neurons j zum Eingangswert i
t_k		Zielwert
x_k		Ausgabewert des Neurons im Output-Layer
$E_p(w)$		Fehlerfunktion
η		Lernrate
γ		Gewichtungsfaktor
p_j^k		Bedingte Wahrscheinlichkeit für Klasse k von Neuron j
m_k		Anzahl Neuronen in der Population für Klasse k
μ_j^k		Mittelwert
$\sum_i^k$		Kovarianz
π_j^k		Klasseninternes Mischungsverhältnis
$\rho_k(l)$		Kosten für eine Fehlentscheidung
$\Delta\bar{d}$	m	Mittlerer absoluter euklidischer Abstand
$\Delta\bar{x}$	m	Mittlerer absoluter Abstand in x-Richtung
$\Delta\bar{y}$	m	Mittlerer absoluter Abstand in y-Richtung

Formelzeichen	Einheit	Beschreibung
$\Delta\bar{z}$	m	Mittlerer absoluter Abstand in z-Richtung
ψ		Phasendifferenz
λ	m	Wellenlänge des Funksignals
d	m	Distanz zwischen zwei Antennen
θ	°	Einfalls- oder Ausfallswinkel
r		Received Signal Strength Indicator
P	mW	Signalstärke des empfangenen Signals
r_0		Signalstärke des empfangenen Signals bei 1m Abstand
c		Konstante zur Berücksichtigung der Abnahme der Signalstärke
P_z		Vorhersagewahrscheinlichkeit für korrekte Zone

Abkürzung	**Beschreibung**
ANN	Artifical Neural Network
AoD	Angle of Departure
AoO	Angle of Arrival
BR	Basic Rate
BR/EDR	Basic Rate / Enhanced Data Rate
CPS	Cyber-Physical System
CRC	Cyclic Redundancy Check
DDA	Dynamic Decay Adjustment
DLZ	Durchlaufzeit
DSRM	Design Science Research Methodology
ERP	Enterprise-Resource-Planning
FN	False Negative
FP	False Positive
GAP	Generic Access Profil
GATT	Generic Attribute Profil
GPS	Global Positioning System
IoT	Internet of Things
IS	Informationssystem
KMU	Kleine und mittlere Unternehmen
KNN	Künstliches neuronales Netz
L2CAP	Logical Link Control- und Adaption Protocol

Abkürzung	Beschreibung
LE	Low Energy
MLP	Multilayer Perceptron
MTU	Maximum Transmission Unit
PDU	Protocol Data Unit
PNN	Probabilistisches neuronales Netz
RFID	Radio-Frequency Identification
RSSI	Received Signal Strength Indicator
RTLS	Real-Time Locating System
SIG	Special Interest Group
SVM	Support Vector Machine
TDoA	Time Difference of Arrival
TN	True Negative
ToF	Time of Flight
TP	True Positive
TWR	Two Way Ranging
URL	Uniform Resource Locator
UWB	Ultra-Wideband
Wi-Fi	Wireless Fidelity
WZL	Werkzeugmaschinenlabor

III Abbildungsverzeichnis

IV Tabellenverzeichnis

1 Einleitung

1.1 Motivation

Knapp ein Viertel der Bruttowertschöpfung in Deutschland war im Jahr 2019 auf das produzierende Gewerbe zurück zu führen (statista 2020b). Im Jahr 2018 setzte sich das produzierende Gewerbe in Deutschland aus rund 200.000 kleinen und mittleren Unternehmen (KMU) sowie rund 5.000 großen Unternehmen zusammen (statista 2020a). Hierbei sind kurze und insbesondere zuverlässige Lieferzeiten wichtige Wettbewerbsvorteile für das produzierende Gewerbe in Deutschland (Pötters et al. 2018; Elser et al. 2018). Die Erreichung dieser Kundenanforderungen hängt im Wesentlichen von der Genauigkeit der Produktionsplanung und -steuerung ab, die auf den Kenntnissen über den Status quo des Produktionsprozesses und der benötigten Durchlaufzeit eines Auftrages je Prozessschritt aufbaut (Elser et al. 2021; Schuh und Stich 2012, S. 29). Zur zuverlässigen Ermittlung dieser Informationen, ist eine durchgängige Rückverfolgung der Aufträge bzw. Bauteile entlang des Produktionsprozesses notwendig. Insbesondere in der Einzel- und Kleinserienfertigung stellt die durchgängige Bauteilrückverfolgung, aufgrund des vielfältigen Auftragsspektrums und der hohen Varianz in der Abfolge der einzelnen Prozessschritte, eine große Herausforderung für die verantwortlichen Mitarbeiter dar. Diese Aufgabe wird noch schwieriger, wenn Störungen wie Maschinenausfälle oder Eilaufträge (Wiendahl 2019, S. 257) die geplanten Abläufe in der Produktion verändern.

Diese Herausforderung kann durch den Einsatz von Echtzeit-Lokalisierungssystemen (engl. Real-Time Locating System | RTLS) bewältigt werden. Ein aus dem Alltag bekanntes Beispiel für ein Outdoor Echtzeit-Lokalisierungssystem ist das im Straßenverkehr eingesetzte GPS (engl. Global Positioning System). Basierend auf den vom GPS ermittelten Standortinformationen kann eine Navigationssoftware, wie beispielsweise Google Maps, dem Nutzer nicht nur seine aktuelle Lage auf einer Karte anzeigen, sondern unter Berücksichtigung weiterer Informationen auch die noch verbleibende Dauer bis zur Erreichung seines Ziels prognostizieren. Vergleichbar zur GPS-Navigation im Straßenverkehr, wird mit Hilfe von Indoor Echtzeit-Lokalisierungssystemen in der Produktion die aktuelle Position eines Auftrags bzw. der dazugehörigen Bauteilte bestimmt. Basierend auf der Position des Bauteils in der Produktion kann unter Berücksichtigung weiterer Hintergrundinformationen, wie beispielsweise der aktuellen Maschinenauslastung, der voraussichtliche Fertigstellungstermin mit Hilfe passender Softwarelösungen zur Produktionsplanung und -steuerung prognostiziert werden.

Im Gegensatz zum Straßenverkehr kommen in der Produktion aktuell überwiegend Indoor Echtzeit-Lokalisierungssysteme basierend auf Funktechnologien wie RFID (engl. Radio-Frequency Identification) und UWB (engl. Ultra-Wideband) sowie vereinzelt Wi-Fi (engl. Wireless Fidelity) und Bluetooth LE (engl. Low Energy) (Donaubauer 2019; Röhrig et al. 2015; Hohenstein und Günther 2012) zum Einsatz. Im Rahmen der Industrie 4.0 Initiative bilden Indoor Echtzeit-Lokalisierungssysteme in der Produktion einen wichtigen Bestandteil für das Internet der Dinge (engl. Internet of Things | IoT) bzw. die Entwicklung von Cyber-physischen Systemen (engl. Cyber-Physical Systems | CPS) (Forschungsunion 2013; Vogel-Heuser et al. 2017,

S. 4). Nach aktuellen Studien wird der allgemeine Bedarf an Indoor Echtzeit-Lokalisierungssystemen in den nächsten Jahren voraussichtlich stark zunehmen (Zimmerman und Zimmermann 2020). Nachfolgend ist eine Übersicht über die Technologien der verschiedenen Indoor Echtzeit-Lokalisierungssysteme dargestellt. Die Ausprägung der Merkmale der verschiedenen Technologien dient lediglich als Orientierung und variiert je nach Anwendungsfall und Hersteller.

	UWB	RFID	Wi-Fi	Bluetooth LE
Genauigkeit	< 0,3 m - 1 m	< 0,1 m - 1 m	< 5 m - 15 m	< 1 m - 5 m
Reichweite	< 100 m	< 10 m - 30 m	< 100 m	< 50 m
Energieverbrauch			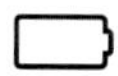	
Kosten	€ € €	€ € €	€ €	€

Abbildung 1-1: Übersicht Indoor Lokalisierungstechnologien

UWB verwendet zwei Arten von Lokalisierungsmethoden – Two Way Ranging (TWR) und Time Difference of Arrival (TDoA). Mit diesen Methoden können Genauigkeiten von unter 0,3 m (TWR) bzw. unter 1 m (TDoA) erreicht werden. Die höhere Genauigkeit ist mit einem entsprechend höheren Energieverbrauch der aktiven Sender verbunden. Auf Grund der aktuell noch beschränkten Verbreitung der Hardware für Sender und Empfänger ist UWB noch vergleichsweise teuer. (Donaubauer 2019; Röhrig et al. 2015; Hohenstein und Günther 2012)

RFID lässt sich grundlegend in Systeme mit aktiven und passiven Sendern unterteilen. Passive Sender haben je nach Ausprägung eine Reichweite von unter 0,1 m bis rund 10 m und eine Genauigkeit von unter 0,1 m bis 1 m. Aktive Sender habe eine höhere Reichweite von rund 30 m und eine geringere Genauigkeit von bis zu 1 m. Während passive RFID Sender weit verbreitet und günstig sind, sind aktive Sender und Empfänger noch relativ teuer. (Finkenzeller und Gebhart 2015)

Wi-Fi zeichnet sich durch eine hohe Reichweite und geringe Kosten auf Grund seiner hohen Verbreitung aus. Jedoch benötigt die Technologie vergleichsweise viel Energie und hat eine geringe Genauigkeit im Bereich mehrerer Meter. (Gessler und Krause 2015, S. 232–242)

Während RFID, UWB und Wi-Fi als Technologien für Indoor Echtzeit-Lokalisierungssysteme (Donaubauer 2019; Hohenstein und Günther 2012; Liu et al. 2007; Bahl und Padmanabhan 2000) bereits seit langem etabliert und umfangreich erforscht sind, ist Bluetooth Low Energy (LE) in diesem Bereich eine noch vergleichsweise junge Technologie, welche sich in den letzten Jahren umfangreich weiterentwickelt hat (Core Specification Working Group 2019, S. 101).

Charakteristisch für die Bluetooth Low Energy Technologie ist der geringe Energieverbrauch, wodurch batteriebetriebene Sender bzw. Empfänger – sogenannte Bluetooth Low Energy Beacon – teilweise über mehrere Jahre betrieben werden können. Durch einen hohen Verbreitungsgrad der Technologie in Endgeräten wie Smartphones und der damit einhergehenden Massenproduktion der entsprechenden Hardwarekomponenten, zeichnet sich Bluetooth Low Energy zudem durch eine hohe Kompatibilität zu verschiedenen Endgeräten und geringe Hardwarekosten aus (Bluetooth SIG 2020). Diese Eigenschaften machen Bluetooth Low Energy als Technologie für ein Indoor Echtzeit-Lokalisierungssystem besonders interessant. Durch die schwierigen Umgebungsbedingungen in der Einzel- und Kleinserienfertigung, wie z. B. reflektierende Metalloberflächen, ist jedoch ungewiss, inwiefern diese Technologie als Grundlage für ein Indoor Echtzeit-Lokalisierungssystem zur Rückverfolgung von Bauteilen in der Einzel- und Kleinserienfertigung geeignet ist.

Die prinzipielle Eignung von Bluetooth Low Energy als Technologie für Lokalisierungssysteme konnte in anderen Anwendungsbereichen bereits erfolgreich nachgewiesen werden. Eines der bekanntesten Anwendungsbeispiele in Deutschland ist die für Smartphones entwickelte CORONA-WARN-APP des Robert Koch Instituts (Robert Koch Institut 2020a). Basierend auf einem von Google und Apple definierten Bluetooth Low Energy Standard (Apple Inc. und Google LLC 2020), wird anhand der Signalstärke der Abstand zwischen App-Nutzern bzw. deren Smartphones kontinuierlich überprüft und potentiell kritische Begegnungen mit anderen Nutzern in der App entsprechend anzeigt (Robert Koch Institut 2020b). Anhand eines Pendlerbusses in Dublin mit einer hohen Anzahl an metallischen Oberflächen konnte jedoch gezeigt werden, dass der von Google und Apple entwickelte Bluetooth Low Energy Standard in diesem Umfeld erhöhten Schwankungen der Genauigkeit unterliegt (Leith und Farrell 2020).

1.2 Zielstellung und Forschungsfrage

Das übergeordnete Ziel dieser Arbeit ist die Untersuchung der Eignung von Bluetooth Low Energy als Technologie für ein Indoor Echtzeit-Lokalisierungssystem zur Rückverfolgung von Bauteilen in der Einzel- und Kleinserienfertigung. Zur Erreichung dieses Ziels wird unter Berücksichtigung der Rahmenbedingungen in der Einzel- und Kleinserienfertigung und dem Stand der Technik zunächst ein auf Bluetooth Low Energy basierendes Indoor Echtzeit-Lokalisierungssystem definiert und prototypisch umgesetzt. Mit Hilfe dieses Prototyps werden die Einflussgrößen auf das Systemverhalten anhand von Versuchen im Produktions- und Laborumfeld analysiert. Basierend auf den gewonnenen Erkenntnissen, wird in einem erweiterten Versuch unter produktionsähnlichen Bedingungen die Leistungsfähigkeit des Indoor-Lokalisierungssystems anhand etablierter Kennzahlen bestimmt. Basierend auf den gewonnenen Kennwerten, wird abschließend die Eignung von Bluetooth Low Energy als Technologie für ein Indoor Echtzeit-Lokalisierungssystem zur Rückverfolgung von Bauteilen in der Einzel- und Kleinserienfertigung beurteilt.

Basierend auf dieser Zielstellung ergibt sich folgende übergeordnete Forschungsfrage:

Eignet sich Bluetooth Low Energy als Technologie für ein Indoor Echtzeit-Lokalisierungssystem zur Rückverfolgung von Bauteilen in der Einzel- und Kleinserienfertigung?

Zur Beantwortung dieser Forschungsfrage werden folgende untergeordnete Forschungsfragen betrachtet:

- *Wie sieht ein Konzept für ein Indoor Echtzeit-Lokalisierungssystem auf Basis von Bluetooth Low Energy zur Rückverfolgung von Bauteilen in der Einzel- und Kleinserienfertigung aus?*
- *Welche Einflüsse auf das Systemverhalten bestehen für ein Indoor Echtzeit-Lokalisierungssystem auf Basis von Bluetooth Low Energy zur Rückverfolgung von Bauteilen in der Einzel- und Kleinserienfertigung?*
- *Wie hoch ist die Leistungsfähigkeit eines Indoor Echtzeit-Lokalisierungssystems auf Basis von Bluetooth Low Energy zur Rückverfolgung von Bauteilen in der Einzel- und Kleinserienfertigung?*

1.3 Forschungsmethodik und Aufbau der Arbeit

Basierend auf der zuvor dargelegten Zielstellung und Forschungsfrage, lässt sich diese Arbeit dem Bereich des „Information Systems (IS) Research" zuordnen (Peffers et al. 2007). Für diesen Forschungsbereich hat sich die Methodik des Design Science Research (Peffers et al. 2007; Hevner et al. 2004) bewährt, die daher entsprechend in dieser Arbeit aufgegriffen wird. Die Zielstellung der Design Science Research Methodik ist wie folgt definiert:

"The result of design-science research in IS is, by definition, a purposeful IT artifact created to address an important organizational problem. It must be described effectively, enabling its implementation and application in an appropriate domain." (Hevner et al. 2004, S. 82)

1.3.1 Forschungsmethodik

Den Kern der Design Science Research Methodik (DSRM) nach Hevner (2007) bilden die folgenden drei Forschungszyklen (Abbildung 1-2):

- *Relevance Cycle* (dt. Relevanzzyklus)
- *Rigor Cycle* (dt. Stringenzzyklus)
- *Design Cycle* (dt. Gestaltungszyklus)

Der *Relevance Cycle* erfasst bestehenden Anforderungen an die zu entwickelnde Lösung aus dem *Anwendungsbereich*. Darüber hinaus werden auch Kennzahlen definiert, über welche die Eignung der Lösung für den Anwendungsbereich validiert bzw. bewertet werden kann. (Hevner 2007)

Über den *Rigor Cycle* werden *Grundlagen* aus dem Stand der Technik, wie z. B. wissenschaftliche Theorien und Methoden, betrachtet und für die Lösungsentwicklung bereitgestellt. Hierdurch wird sichergestellt, dass auch neue Forschungsergebnisse bzw. innovative Lösungen generiert werden. Zur Erweiterung der Wissensbasis werden neue Erkenntnisse aus dem Bereich der gestaltungsorientierten Forschung entsprechend zurückgeführt. (Hevner 2007)

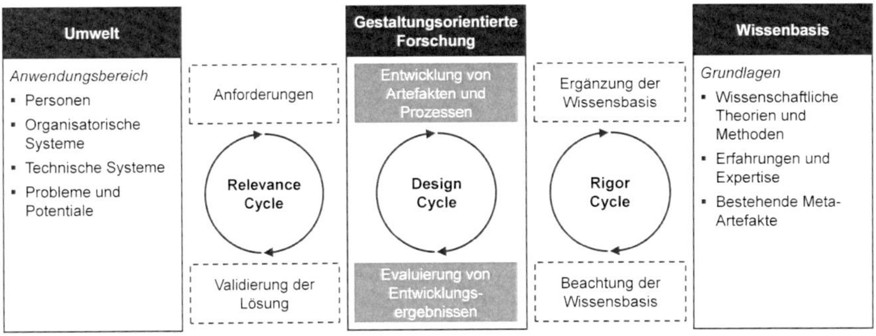

Abbildung 1-2: Design Science Research (Hevner 2007, S. 88; Hevner et al. 2004, S. 80)

Im Zentrum der Design Science Research Methodik steht der *Design Cycle*, welcher eine schnelle *Entwicklung und Evaluierung* von innovativen *Artefakten und Prozessen* fokussiert. Durch einen iterativen Designprozess können geänderte Anforderungen aus dem *Relevance Cycle* und neue Erkenntnisse aus dem *Rigor Cycle* bei der Erschaffung neuer Lösungsvarianten entsprechend berücksichtigt werden. (Hevner 2007)

1.3.2 Aufbau der Arbeit

Die einzelnen Kapitel der vorliegenden Arbeit können wie folgt an der Design Science Research Methodik verortet werden:

- **Umwelt:** In *Kapitel 2* wird der Anwendungsbereich der Arbeit – die Einzel- und Kleinserienfertigung – beschrieben. Der Fokus des Kapitels liegt hierbei auf der Definition der Eigenschaften der Einzel- und Kleinserienfertigung und beleuchtet darüber hinaus exemplarisch den Auftragsabwicklungsprozess sowie die Unternehmensziele.
- **Wissensbasis:** Die Grundlagen des Stands der Technik zu Echtzeit-Lokalisierungssystemen werden in *Kapitel 3* dargestellt. Neben der Lokalisierungssystemdefinition werden in diesem Kapitel die Grundlagen zu Bluetooth Low Energy und Lokalisierungsmethoden betrachtet.
- **Gestaltungsorientierte Forschung:** *Kapitel 4* beschreibt die Entwicklung und Validierung der Lösungsartefakte und Prozesse. Dies umfasst die Definition des Indoor Echtzeit-Lokalisierungssystems sowie die theoretische und experimentelle Analyse der Einflussgrößen auf das Systemverhalten. Unter Berücksichtigung der gewonnen Erkenntnisse wird abschließend eine experimentelle Bewertung der Leistungsfähigkeit des Indoor Echtzeit-Lokalisierungssystems unter Verwendung von künstlichen neuronalen Netzen als Lokalisierungsmethode durchgeführt.

In *Kapitel 5* werden die Ergebnisse der Arbeit zusammengefasst und ein Ausblick über den weiteren Forschungsbedarf gegeben.

2 Umwelt

Der Betrachtungsfokus dieser Arbeit liegt auf dem Anwendungsbereich der Einzel- und Kleinserienfertigung. Nachfolgend werden daher die Definition der Eigenschaften, die wichtigsten Unternehmensziele sowie ein exemplarischer Auftragsabwicklungsprozess für die Einzel- und Kleinserienfertigung betrachtet.

2.1 Definition Einzel- und Kleinserienfertigung

Bezeichnend für die Einzel- und Kleinserienfertigung ist ein vielfältiges Auftragsspektrum, welches eine hohe Varianz in der Abfolge der einzelnen Fertigungsschritte und deren Bearbeitungszeit mit sich bringt. Diese Eigenschaften spiegeln sich in der Ausprägung der Fertigungsart, der Organisationsform der Fertigung sowie der Art der Auftragsabwicklung wider.

Ausprägung der Fertigungsart

Schuh und Stich (2012) definieren die Ausprägung der Fertigungsart in einem Unternehmen über die durchschnittliche Auflagenhöhe und Wiederholhäufigkeit der jährlichen Erzeugnisse (Abbildung 2-1). Die durchschnittliche Auflagenhöhe und Wiederholhäufigkeit bewegen sich in der Einzel- und Kleinserienfertigung im niedrigen bis mittleren zweistelligen Bereich. Die Mengenangaben in Abbildung 2-1 sind lediglich als Orientierung zu verstehen.

Einmalfertigung	Einzel- und Kleinserienfertigung	Serienfertigung	Massenfertigung
Auflagenhöhe gering keine Wiederholung	Auflagenhöhe < 50 Wiederholhäufigkeit < 12	Auflagenhöhe > 50 Wiederholhäufigkeit < 24	sehr große Auflagenhöhe Fertigung ununterbrochen

Abbildung 2-1: Ausprägung der Fertigungsarten nach Schuh und Stich (2012, S. 131)

Organisationsform der Fertigung

Nach Weber et al. (2018) wird grundlegend zwischen vier Organisationsformen der Fertigung unterschieden. Hierzu gehören die Baustellenfertigung, die Werkstattfertigung, die Gruppenfertigung und die Fließfertigung. Die Werkstattfertigung und die Fließfertigung sind hierbei die am weitesten verbreiteten Organisationsformen (Wiendahl 2019, S. 44). In der Einzel- und Kleinserienfertigung liegt überwiegend das Prinzip der Werkstattfertigung vor (Niehues et al. 2012; Meinberg und Topolewski 1995, S. 179–180).

Die Werkstattfertigung bzw. Fertigung nach dem Verrichtungsprinzip, zeichnet sich durch eine funktionale Bündelung der Arbeitsplätze aus. Die Bauteile werden einzeln oder in Losen von Arbeitsplatz zu Arbeitsplatz transportiert. Ein Vorteil dieser Organisationsform ist die hohe Anpassungsfähigkeit an verschiedene Bauteile mit unterschiedlichsten Bearbeitungsabfolgen. Ein Nachteil liegt in der langen Durchlaufzeit der Bauteile, welche auf lange Liegezeiten vor bzw. nach einem Bearbeitungsschritt zurückzuführen ist. (Wiendahl 2019, S. 44–46)

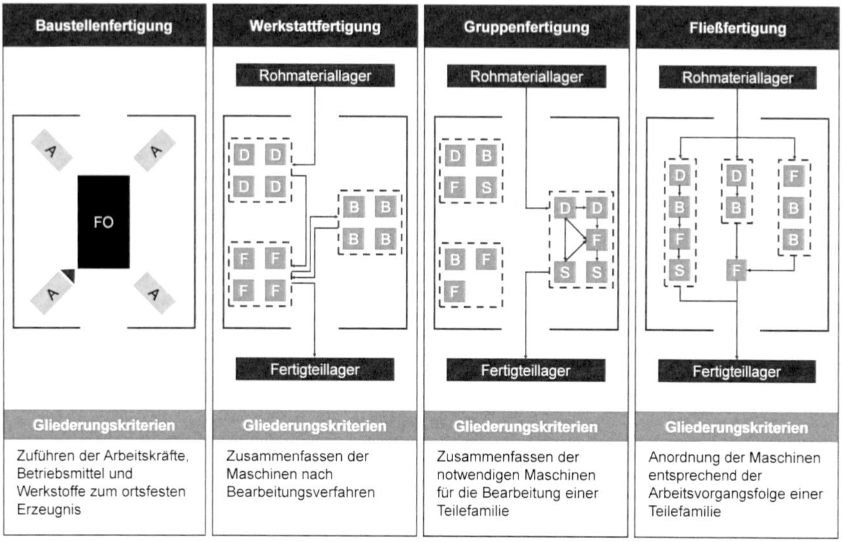

Abbildung 2-2: Organisationsform der Fertigung (vgl. Dolezalek 1973, S. 133–140; Eversheim 1996, S. 105; Meinberg und Topolewski 1995, S. 192; Weber et al. 2018, S. 206–208)

Art der Auftragsabwicklung

Die Auftragsabwicklungsart definiert sich über den Kundenentkopplungspunkt, ab dem ein Auftrag von der anonymen Auftragsabwicklung in die kundenspezifische Auftragsabwicklung übergeht (Wikner und Rudberg 2005; Wiendahl et al. 2014, S. 48). Hierbei wird grundlegend zwischen vier verschieden Auftragsabwicklungsarten unterschieden (Abbildung 2-3):

- *Make-to-stock:* Ein festgelegtes Produktportfolio wird auf Vorrat beschafft, gefertigt und montiert. Bestellungen werden direkt aus dem Fertigwarenlager bedient.
- *Assemble-to-order:* Das Produktportfolio wird in Form von Standardkomponenten vorgefertigt und bei Bestellungseingang auftragsbezogen montiert.
- *Make-to-order:* Das Rohmaterial und die Fremdkomponenten werden auf Vorrat bezogen. Das eigentliche Produkt wird den Kundenanforderungen entsprechend dimensioniert und gefertigt.
- *Engineer-to-order:* Das Produkt wird kundenspezifisch entworfen bzw. angepasst. Erst im Anschluss erfolgen die Materialbeschaffung, Fertigung und Montage.

In der Einzel- und Kleinserienfertigung werden Bauteile überwiegend kundenspezifisch nach dem „Make-to-order“ und „Engineer-to-order“ Verfahren gefertigt. Die anderen Auftragsabwicklungsarten sind meistens in der Großserien- und Massenfertigung anzutreffen.

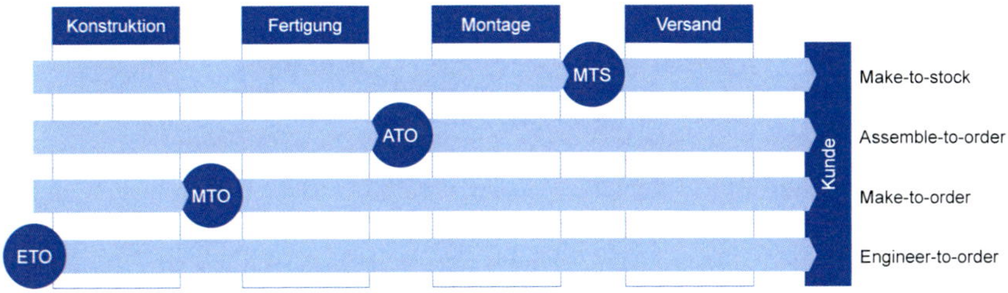

Abbildung 2-3: Arten der Auftragsabwicklung bzw. Bevorratungsstrategie (Wikner und Rudberg 2005)

2.2 Unternehmensziele Einzel- und Kleinserienfertigung

Bei einer Mitgliederbefragung des „ife-Netzwerk für Einzelfertiger" wurden die Unternehmen gebeten, eine vorgegebene Auswahl an Zielen nach der Wichtigkeit in ihrer Produktion zu priorisieren (Abbildung 2-4). Betrachtet man die Verteilung der Prioritäten, spielen für die Unternehmen neben einer „Hohen Bauteilqualität" insbesondere eine „Hohe Liefertreue" und „Geringe Durchlaufzeit" eine wichtige Rolle. (Elser 2017)

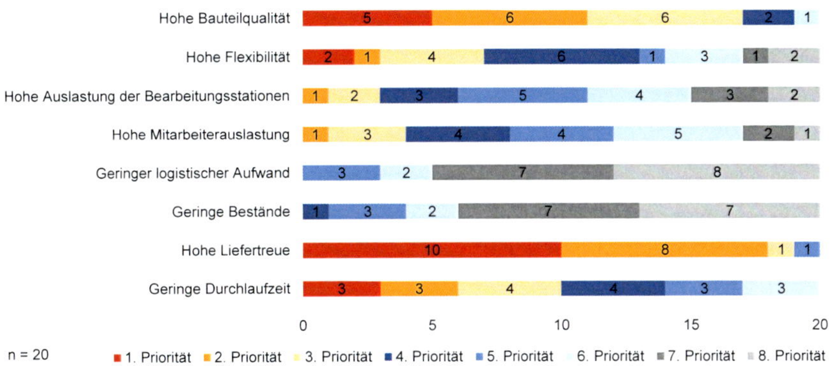

Abbildung 2-4: Unternehmensziele aus dem Bereich der Einzelfertigung (und Kleinserienfertigung)

Bei einer allgemeinen Befragung von produzierenden Unternehmen zur Wichtigkeit verschiedenen Kennzahlen zur Steuerung ihrer Prozesse in der Produktion (Abbildung 2-5), wurden neben der „Produktivität" und „Rüstzeit" ebenso die „Termintreue" und „Durchlaufzeit (DLZ)" als besonders wichtige Kennzahlen genannt. Weitere Kennzahlen wurden von den Unternehmen mit einer geringeren Wichtigkeit bewertet und werden daher in dieser Arbeit nicht betrachtet. (Pötters et al. 2018)

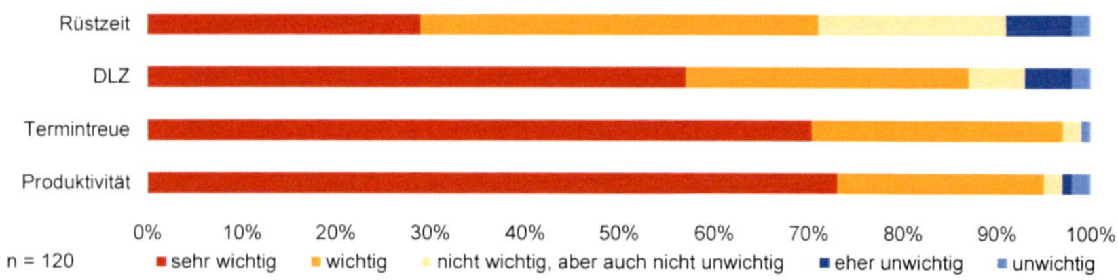

Abbildung 2-5: Wichtigkeit verschiedener Kennzahlen für Produktionsunternehmen (Pötters et al. 2018)

Die Planung der Durchlaufzeit eines Produktionsauftrags und des Liefertermins an den Kunden fällt in den Aufgabenbereich der Produktionsplanung und -steuerung. Die Planungsgüte bzw. Einhaltung der Ziele hängt überwiegend von der Genauigkeit der Kenntnis des Status quos des Produktionsprozesses und der benötigten Durchlaufzeit eines Auftrages je Bearbeitungsstation ab. Zur zuverlässigen Ermittlung dieser Informationen ist eine durchgängige Rückverfolgung der Aufträge bzw. Bauteile entlang des Produktionsprozesses notwendig.

2.3 Auftragsabwicklungsprozess Einzel- und Kleinserienfertigung

Basierend auf einer ausführlichen Prozessanalysen bei unterschiedlichen produzierenden Unternehmen aus dem Bereich der Einzel- und Kleinserienfertigung wurde ein Referenzprozess für den Auftragsabwicklungsprozess (Abbildung 2-6) definiert. Die übergeordneten Prozessschritte – Vertrieb, Konstruktion, Arbeitsvorbereitung, Fertigung, Montage, Erprobung und Versand – sind bei kleinen und großen Unternehmen vergleichbar. Die Ausprägungen und Zusammenhänge zwischen den einzelnen Prozessschritten, wie z. B. Sägen, Drehen und Fräsen, hängt jedoch stark von der Branche, der Unternehmensgröße, dem Produktportfolio und der Organisationsstruktur ab. Dementsprechend können auch die Produktionsplanungs- und Steuerungsprozessschritte unterschiedlich definiert sein. (Elser et al. 2021; Elser et al. 2018)

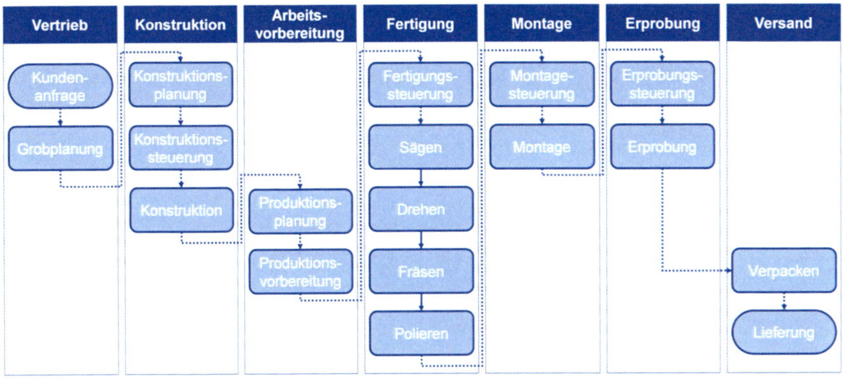

Abbildung 2-6: Auftragsabwicklungsprozess in der Einzel- und Kleinserienfertigung (vgl. Elser et al. 2018; Elser et al. 2021)

Der Betrachtungsfokus dieser Arbeit liegt auf dem eigentlichen Produktionsprozess für einen Kundenauftrag, welcher sich von der „Produktionsvorbereitung“ bis zur „Verpackung“ der Bauteile für den Kunden erstreckt. Exemplarisch für den Produktionsprozess wird nachfolgend die Durchlaufzeit für den Prozessschritt Fräsen detailliert betrachtet (Abbildung 2-7).

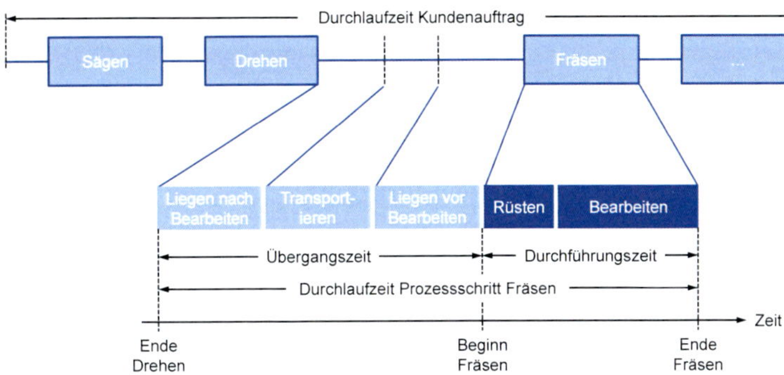

Abbildung 2-7: Durchlaufzeit eines Kundenauftrags (Wiendahl 2019, S. 258)

Die Durchlaufzeit für einen Prozessschritt unterteilt sich in die Übergangszeit und die Durchführungszeit. Die Übergangszeit eines Auftrags setzt sich aus der Liegezeit nach der Bearbeitung im vorausgehenden Prozessschritt, der Transportzeit und der Liegezeit vor dem eigentlichen Prozessschritt zusammen. Ungeplante Änderungen in der Bearbeitungsabfolge der Aufträge, beispielsweise durch die bevorzugte Abarbeitung von Eilaufträgen, wirken sich entsprechen negativ auf die Übergangszeit aus. Die Durchführungszeit gliedert sich in die Rüstzeit und die eigentliche Bearbeitungszeit eines Auftrags. Für die Produktionsplanung und -steuerung werden meisten nur die Übergangszeit und Durchführungszeit für einen Prozessschritt betrachtet. (Wiendahl 2019, S. 257–259)

Der Fokus für die Auftrags- bzw. Bauteilrückverfolgung über ein Indoor Echtzeit-Lokalisierungssystem liegt daher auf der Erfassung der Übergangszeit und Durchführungszeit. Die Ermittlung der untergeordneten Vorgabezeiten, wie z. B. der Rüstzeit, wird im weiteren Verlauf der Arbeit nur konzeptionell betrachtet.

2.4 Produktionsplanung und -steuerung in der Einzel- und Kleinserienfertigung

Die grundlegende Aufgabe der Produktionsplanung und -steuerung ist die Belegungsplanung der in der Produktion verfügbaren Kapazitäten mit dem durch den Vertrieb akquirierten Auftragsbestand. Mit zunehmendem Auftragsbestand verschiebt sich der geplante Produktionszeitraum weiter in die Zukunft. Hierdurch wird die Prognose der zu diesem Zeitpunkt verfügbaren und benötigten Fertigungskapazitäten, sowie der damit einhergehenden Liefertermine zunehmend ungenauer. Daher erfolgt die Produktionsplanung und -steuerung meist in mehreren Phasen mit zunehmender Genauigkeit. (Wiendahl 2019, S. 279–280)

Dieses Vorgehen der Produktionsplanung und -steuerung wurde anhand von Fallstudien auf den Auftragsabwicklungsprozess in der Einzel- und Kleinserienfertigung übertragen. Hierzu wurde der Auftragsabwicklungsprozess über Synchronisationspunkte in einzelne Abschnitte zur Produktionsplanung und -steuerung unterteilt (Abbildung 2-8). (Elser et al. 2018)

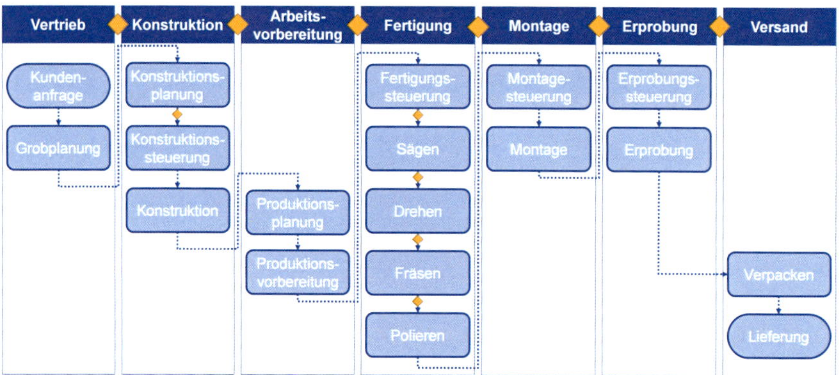

Abbildung 2-8: Produktionsplanung und -steuerung in der Einzel- und Kleinserienfertigung (vgl. Elser et al. 2018; Elser et al. 2021)

Beispielhaft wird nachfolgend die phasenweise durchgeführte Produktionsplanung und -steuerung für die Fertigung betrachtet (Abbildung 2-9). Zu Beginn des Auftragsabwicklungsprozesses führt der Vertrieb eine grobe Planung durch. Diese Planung ermöglicht die Abschätzung der voraussichtlichen Durchlaufzeit und die Reservierung von Kapazitäten im erwarteten Produktionszeitraum. Für die Grobplanung sollten längere Zeitspannen, z. B. eine oder mehrere Wochen verwendet werden. (Elser et al. 2018)

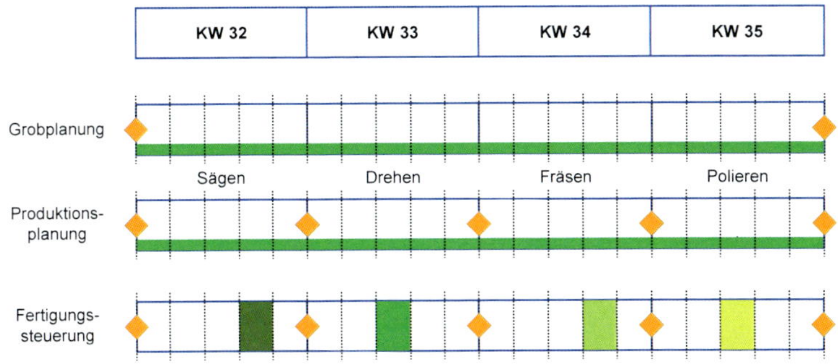

Abbildung 2-9: Phasenweise Produktionsplanung und -steuerung für die Fertigung (Elser et al. 2018)

Die Grobplanung wird von der Arbeitsvorbereitung im Rahmen der Produktionsplanung von mehreren Wochen auf mehrere Tage detailliert. Zunächst werden die notwendigen Prozessschritte für einen Auftrag ermittelt. Anschließend werden die erforderlichen Fertigungskapazitäten und die voraussichtliche Durchlaufzeit für jeden einzelnen Prozessschritt definiert. (Elser et al. 2018)

Im Rahmen der Fertigungssteuerung werden jedem Prozessschritt die erforderlichen Ressourcen (z. B. Fertigungsmaschinen) auf Tages- oder Schichtbasis zugeordnet. Hierbei werden unterschiedliche Prioritäten und schwankende Kapazitäten berücksichtigt, die durch Wartung von Maschinen, Maschinenausfälle und Urlaubs- oder Krankheitstage von Mitarbeitern entstehen. (Elser et al. 2018)

3 Wissensbasis

Das Ziel dieser Arbeit ist die Untersuchung der Eignung von Bluetooth Low Energy als Technologie für ein Indoor Echtzeit-Lokalisierungssystem zur Rückverfolgung von Bauteilen in der Einzel- und Kleinserienfertigung. In diesem Kapitel werden daher die Grundlagen zu Echtzeit-Lokalisierungssystemen, Bluetooth Low Energy, allgemeine Lokalisierungsmethoden und künstliche neuronale Netze als spezifische Lokalisierungsmethode betrachtet.

3.1 Echtzeit-Lokalisierungssystem

3.1.1 Echtzeitsystem

Basierend auf dem Faktor Zeit, wird zwischen „harten" und „weichen" Echtzeitsystemen unterschieden. Das bedeutet, dass Echtzeitsysteme innerhalb bestimmter zeitlicher Fristen arbeiten sollten. Bei harten Echtzeitsystemen muss die vorgegebene zeitliche Frist eingehalten werden, da es andernfalls zu einem Ausfall des Systems bzw. zur Verursachung einer Katastrophe kommen kann. In die Kategorie der harten Echtzeitsysteme fallen beispielsweise die Kontrollsysteme für den Luftverkehr, bei denen kritische Verzögerungen zum Absturz eines Flugzeuges führen können. Bei weichen Echtzeitsystemen besteht wiederum keine direkte Katastrophengefahr, wenn eine zeitliche Frist überschritten wird. Verzögerung sind für den Benutzer meist ärgerlich oder können zu finanziellen Verlusten führen. Ein Beispiel hierfür ist ein Online-Reservierungssystem. (Poniszewska-Maranda et al. 2020; Kopetz 2011)

Basierend auf dieser Definition, sind die in dieser Arbeit betrachteten Indoor Echtzeit-Lokalisierungssysteme den weichen Echtzeitsystemen zuzuordnen. Eine zeitlich verzögerte Rückmeldung ist ärgerlich für den Benutzer des Lokalisierungssystems und erfordert meist eine entsprechende Anpassung der Produktionsplanung und -steuerung.

3.1.2 Module eines Echtzeit-Lokalisierungssystems

Die wichtigsten Funktionen eines Echtzeit-Lokalisierungssystems (Abbildung 3-1) lassen sich im Wesentlichen den folgenden vier Modulen zuordnen (ISO/IEC 24730-2, S. 2–3; Hohenstein und Günther 2012):

- **Location Tag**
  Der „Location Tag" dient zur eindeutigen Identifikation eines Objektes und kann je nach Anwendungsfall auf unterschiedlichen Technologien basieren. Abhängig von der Art der Lokalisierung kann der „Location Tag" als Referenzposition an einem festen Ort oder an dem zu lokalisierenden Objekt befestigt sein.

- **Location Reader**
  Der „Location Reader" erfasst je nach Technologie mit einer bestimmten Messmethode eine Messgröße vom „Location Tag", welche als Grundlage für die später Positionsbestimmung dient. Die Messgröße kann zwischen „Location Reader" und „Location Tag" uni-direktional oder bi-direktional ausgetauscht werden.
- **Location Engine**
  Bei Bedarf erfolgt in der „Location Engine" eine Aufbereitung der ermittelten Messdaten bevor über die Anwendung einer Lokalisierungsmethode, wie beispielsweise Trilateration, die Position des zu lokalisierenden Objekts bestimmt wird.
- **Location Application**
  Die „Location Application" stellt dem Anwender die Position des Objekts in benutzerfreundlicher Form zur Verfügung. Hierbei können dem Benutzer Informationen aus weiteren Systemen, beispielsweise dem ERP-System, angezeigt werden.

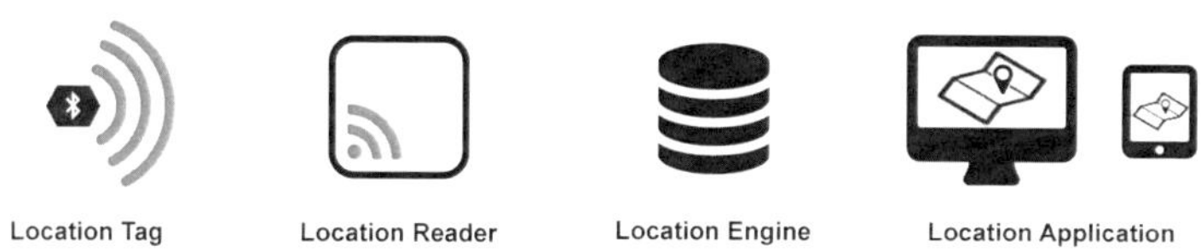

Abbildung 3-1: Module eines Echtzeit-Lokalisierungssystems (ISO/IEC 24730-2, S. 2–3; Hohenstein und Günther 2012)

3.1.3 Architektur eines Echtzeit-Lokalisierungssystems

Die Architektur eines Lokalisierungssystems hängt von der Ausprägung, Anordnung und Verknüpfung der verschiedenen Module ab (Abbildung 3-1). Grundlegend wird zwischen Eigenortung und Fremdortung unterschieden (Abbildung 3-2). (Elser et al. 2021; Hohenstein und Günther 2012; Mansfeld 2010, S. 1)

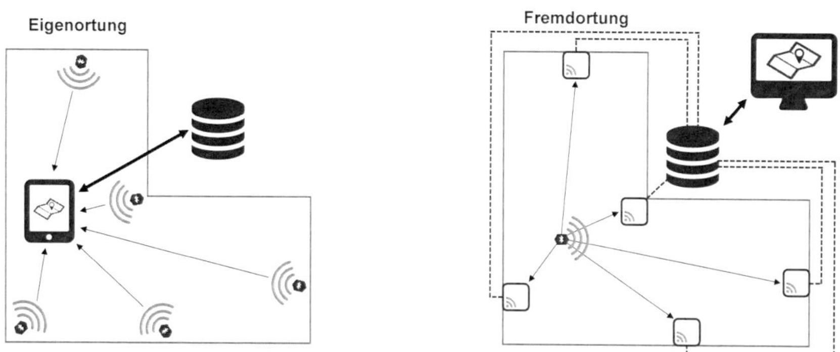

Abbildung 3-2: Eigenortung und Fremdortung (Elser et al. 2021; Hohenstein und Günther 2012; Mansfeld 2010, S. 1)

Bei der Eigenortung wird die Ortung direkt im Objekt durchgeführt. „Location Reader", „Location Engine" und „Location Application" werden hierzu meist in einem Gerät vereint, welches seine Position anhand ortsfester „Location Tags" bestimmt. Ein Alltagsbeispiel für Eigenortung ist das GPS-System in einem Auto, welches mit Hilfe von geostationären Satelliten seine aktuelle Position bestimmt.

Bei der Fremdortung wird die Ortung außerhalb des Objektes durchgeführt. Das Objekt ist mit einem „Location Tag" versehen, welcher über stationär befestige „Location Reader" erfasst wird. Basierend auf den über die „Location Reader" erfassten Messwerten wird von einer „Location Engine" die Position berechnet und dem Benutzer über eine „Location Application" angezeigt. Ein Beispiel aus dem Alltag für Fremdortung ist die elektronische Warensicherung in Modekaufhäusern, welche über Warensicherungsetiketten an der Kleidung sowie Empfänger an den Kaufhausausgängen den Diebstahl von Ware detektiert und das Personal entsprechend darauf aufmerksam macht.

Entscheidend für die Wahl der Architektur eines Echtzeit-Lokalisierungssystems ist meist die Anzahl der zu lokalisierenden Objekte. Aus wirtschaftlichen Gesichtspunkten ist die Fremdortung bei einer hohen Anzahl an Objekte meist die kostengünstigere Architekturvariante, wohingegen bei einer geringen Anzahl an Objekten die Selbstortung meist die preiswertere Architekturvariante darstellt. Darüber hinaus spielen auch andere Einflussfaktoren, wie beispielsweise eine bereits vorhandene Echtzeit-Lokalisierungssysteminfrastruktur in Form von GPS-Satelliten im Outdoor-Bereich, eine entscheidende Rolle.

Der in dieser Arbeit betrachtete Anwendungsbereich der Einzel- und Kleinserienfertigung verfügt über eine hohe Anzahl sich bewegender Objekte in Form von Bauteilen und im Regelfall über keine bereits bestehende Echtzeit-Lokalisierungssysteminfrastruktur für den Indoor-Bereich. Aus diesen Gründen wird in dieser Arbeit die Fremdortung als Architekturvariante für ein auf Bluetooth Low Energy basierendes Indoor Echtzeit-Lokalisierungssystems weiter betrachtet.

3.1.4 Klassifizierung von Echtzeit-Lokalisierungssystemen

Die ISO/IEC 24730-1:2014(E) unterteilt Echtzeit-Lokalisierungssysteme prinzipiell in vier Klassen (Abbildung 3-3):

- Die erste Klasse umfasst die Lokalisierung eines Objektes in einem terrestrischen Gebiet mit stationären Empfängern über einen weiten Bereich. Hierzu gehört beispielsweise die Notfalllokalisierung von Smartphones über Mobilfunktürme.
- Die zweite Klasse enthält die Lokalisierung eines Objektes über Satelliten. Hierfür wird immer eine direkte Sichtverbindung zu den Satelliten benötigt.
- Die dritte Klasse beinhaltet die Lokalisierung eines Objektes in einem kontrollierten Bereich, wie z. B. einem Flughafen oder einem Lager auf wenige Meter genau.
- Die vierte Klasse umfasst die Lokalisierung eines Objektes in einem spezifischen Bereich auf wenige Dezimeter genau.

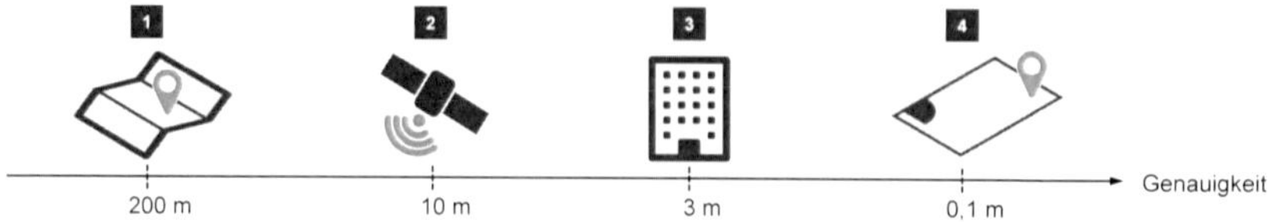

Abbildung 3-3: Klassifizierung von Echtzeit-Lokalisierungssystemen nach ISO/IEC 24730-1:2014(E)

Die erste und zweite Systemklasse umfassen die Outdoor-Lokalisierung. Die bereits genannte Lokalisierung über Satelliten oder das Mobilfunknetz gehört zu den führenden Technologien in diesem Bereich. Der Fokus dieser Arbeit liegt jedoch auf der Indoor-Lokalisierung, welcher primär der dritten und vierten Systemklasse zuzuordnen ist. Hierfür werden aktuell unter anderem folgende Technologien (Donaubauer 2019; Hohenstein und Günther 2012; Liu et al. 2007; Bahl und Padmanabhan 2000) eingesetzt:

- RFID
    - Aktiv
    - Passiv
- Wi-Fi
- Bluetooth LE
- UWB
- Infrarot
- Ultraschall

Die Lokalisierungsgenauigkeit der verschiedenen Technologien liegt in einem Bereich von wenigen Zentimeter, bis mehreren Metern. In Abhängigkeit des Anwendungsszenarios und der Ausprägung der verschiedenen Module des Echtzeit-Lokalisierungssystems kann die Genauigkeit innerhalb einer Technologie zum Teil deutlich variieren, weshalb eine trennscharfe Zuordnung der Technologien zu den einzelnen Systemklassen nicht möglich ist. Im weiteren Verlauf der Arbeit wird daher eine entsprechend differenzierte Betrachtung für Bluetooth Low Energy als Technologie für ein Indoor Echtzeit-Lokalisierungssystems in der Produktion durchgeführt.

3.2 Bluetooth Low Energy

Nach Gessler und Krause (2015, S. 201–203) wurde Bluetooth in den 1990er als kostengünstige und energiesparende Funktechnologie für batteriebetriebene Systeme entwickelt. Die im Jahr 1998 von den Unternehmen Ericsson, Nokia, Intel, IBM und Toshiba gegründete Bluetooth Special Interest Group (SIG) hat die Technologie seither, gemeinsam mit weiteren Unternehmen, zu einem etablierten Standard für preiswerte und mobile Netzwerkverbindungen entwickelt. Nach Prognosen von ABI Research wird der jährliche Absatz von Bluetooth-fähigen Geräten im Jahr 2024 die Grenze von sechs Milliarden Geräten überschreiten (Bluetooth SIG 2020).

Grundlegend gibt es zwei Arten von Bluetooth – Basic Rate (BR) und Low Energy (LE). Bluetooth LE wurde im Rahmen der Bluetooth Spezifikation Version 4.0 (Abbildung 3-4) eingeführt und zeichnet sich im Vergleich zu Bluetooth BR durch einen besonders niedrigen Energiebedarf, geringere Komplexität und niedrige Kosten aus. In den darauffolgenden Spezifikationsversionen wurden unter anderem die Reichweite, Datenrate und der Energieverbrauch weiter optimiert. Im Rahmen der Bluetooth Spezifikation Version 5.1 wurden darüber hinaus Direction Finding (dt. Funkpeilung), mit den Angle of Arrival (AoA) bzw. Angle of Departure (AoD) Lokalisierungsmethoden (vergleiche Kapitel 3.3.4), in den Bluetooth-Standard integriert. (Core Specification Working Group 2019)

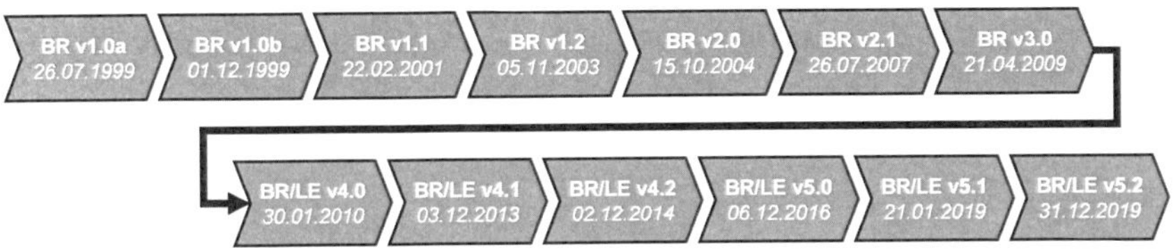

Abbildung 3-4: Bluetooth BR/LE Entwicklungshistorie (Core Specification Working Group 2019, 2010)

Parallel zu Bluetooth BR und LE wurden Bluetooth Mesh (Abbildung 3-5) entwickelt, welches den Aufbau von Mesh-Netzwerk ermöglicht und überwiegend im Bereich der Heimautomatisierung und kommerziellen Beleuchtung zum Einsatz kommt. (Mesh Working Group 2020; Bluetooth SIG 2020)

Abbildung 3-5: Bluetooth Mesh Entwicklungshistorie (Mesh Working Group 2020, S. 2)

Insbesondere auf Grund des geringen Energieverbrauchs wird in dieser Arbeit Bluetooth Low Energy als Technologie für ein Indoor Echtzeit-Lokalisierungssystem untersucht. Bluetooth Basic Rate und Bluetooth Mesh werden im weiteren Verlauf der Arbeit daher nicht weiter verfolgt. Für die Lösungsentwicklung und -validierung wird Bluetooth Low Energy Hardware basierend auf den Bluetooth Spezifikationen Version 4.2 und Version 5.0 verwendet, da zum Zeitpunkt der Versuchsdurchführungen keine höherentwickelte Hardware kommerziell verfügbar war. Dementsprechend werden die in der Bluetooth Spezifikation Version 5.1 eingeführten Angle of Arrival (AoA) bzw. Angle of Departure (AoD) Lokalisierungsmethoden nur theoretisch betrachtet.

3.2.1 Bluetooth Low Energy Protokollstapel

Die Kommunikation zwischen Bluetooth LE fähigen Geräten wie beispielsweise Smartphones und Fitnessarmbändern ist über sogenannte Protokollstapel (engl. protocol stack) definiert.

Ein Bluetooth LE Protokollstapel (Abbildung 3-6) besteht aus drei Hauptarchitekturkomponenten, dem Host, dem Controller und den APPS, die jeweils verschiedene Protokollstapelschichten enthalten. (Woolley 2020)

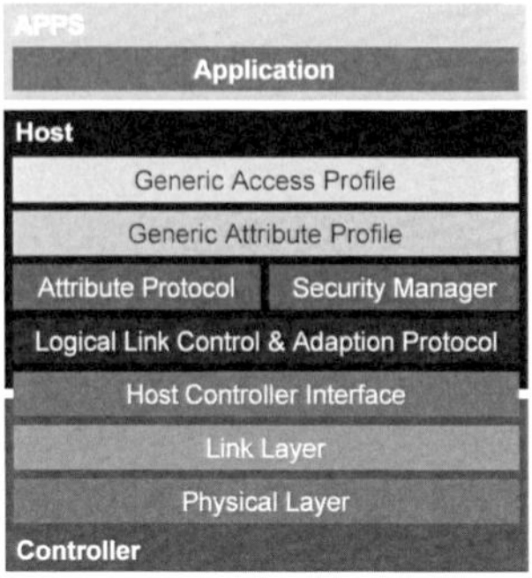

Abbildung 3-6: Bluetooth Low Energy Protokollstapel (Woolley 2020)

Die einzelnen Schichten des Bluetooth Low Energy Protokollstapels (Abbildung 3-6) werden nachfolgend im Detail beschrieben. In Abhängigkeit der Bluetooth LE Spezifikationsversion und der Hardwareausprägung können die einzelnen Schichten des Bluetooth Low Energy Protokollstapels unterschiedlich aufgebaut sein.

Physical Layer (Core Specification Working Group 2019, 190, 2829–2864)

Die Aufgabe des *Physical Layer* ist die Datenübertragung zwischen verschieden Endgeräten. Bluetooth LE Endgeräte arbeiten auf 40 Kanälen (Tabelle 3-1) innerhalb des nicht lizenzierten 2,4-GHz-ISM (Industrial Scientific Medical) Bandes. Von den 40 Kanälen agieren drei als sogenannte Advertising Kanäle, welche zur Vermeidung von Interferenzen dynamisch zwischen den drei Kanälen bzw. Frequenzen hin- und her springen. Zur Datenübertragung verwendet Bluetooth LE binäre Frequenzmodulation.

Tabelle 3-1: Bluetooth Low Energy Frequenzkanäle (Core Specification Working Group, S. 2864)

Physischer Kanal	Sendefrequenz	Kanal Index	Advertising Kanal	Allgemeiner Kanal
0	2402 MHz	37	X	
1	2404 MHz	0		X
2	2406 MHz	1		X
...	...	...	...	...
11	2424 MHz	10		X
12	2426 MHz	38	X	
13	2428 MHz	11		X
14	2430 MHz	12		X
...	...	...	...	...
38	2478 MHz	36		X
39	2480 MHz	39	X	

Link Layer

Die Aufgaben des Link Layer sind der Aufbau, die Kontrolle und die Durchführung von Datenübertragungen. Der Link Layer (Abbildung 3-8) stellt dabei eine Zustandsmaschine (engl. state machine) mit den folgenden Zuständen dar (Core Specification Working Group 2019, S. 2855–2857):

- **Standby State**
  Im Standby-Zustand werden keine Daten übertragen oder empfangen. In den Standby-Zustand kann aus jedem anderen Zustand gewechselt werden.
- **Advertising State**
  Im Advertising-Zustand werden Advertising-Pakete über die Advertising Kanäle übertragen. Ebenso wird auf eine mögliche Antwort auf diese Pakete von Seiten des Empfängers gehört und entsprechend darauf reagiert. In den Advertising-Zustand kann aus dem Standby-Zustand gewechselt werden.
- **Scanning State**
  Im Scanning-Zustand wird auf Advertising-Pakte von beliebigen Geräten gewartet. In den Scanning-Zustand kann aus dem Standby-Zustand gewechselt werden.
- **Initiating State**
  Im Initiating-Zustand wird auf Advertising-Pakte von einem oder mehreren bestimmten Geräten gewartet, um nach Paketempfang eine Verbindung zu diesem Gerät herzustellen. In den Initiating-Zustand kann aus dem Standby-Zustand gewechselt werden.
- **Connection State**
  Im Connection-Zustand besteht eine Verbindung zu einem anderen Gerät. In den Connection-Zustand kann aus dem Initiating-Zustand und dem Advertising-Zustand gewechselt werden. Im Connection-Zustand kann ein Gerät die Rollen Master oder Slave annehmen. Wechselt ein Gerät aus dem Initiating-Zustand in den Connection-Zustand nimmt das Gerät die Rolle Master an, wohingegen das Gerät bei einem Wechsel aus dem Advertising-Zustand in den Initiating-Zustand die Rolle Slave annimmt. Das Gerät in der Master Rolle koordiniert das Timing für die Datenübertragung zwischen den Geräten.
- **Synchronization State**
  Im Synchronization-Zustand wartet ein Gerät auf isochrone Advertising-Pakete von einem anderen Gerät. In den Synchronization-Zustand kann aus dem Standby-Zustand gewechselt werden.
- **Isochronous Broadcasting State**
  Im Isochronous Broadcasting-Zustand überträgt ein Gerät isochrone Advertising-Pakete. In den Isochronous Broadcasting-Zustand kann aus dem Standby-Zustand gewechselt werden.

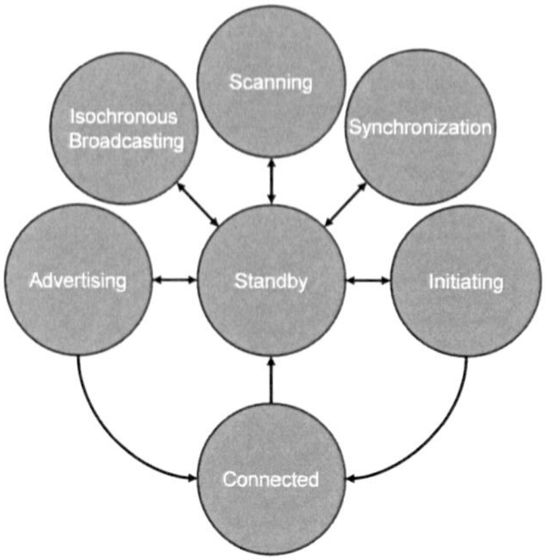

Abbildung 3-7: Mögliche Zustände "Link Layer state machine" (Core Specification Working Group 2019, S. 2857)

Link Layer Advertising Packet Format

Die über den Link Layer übertragenen Advertising-Pakete folgen einem bestimmten Format (Abbildung 3-8), welches nachfolgend im Detail erläutert wird (Core Specification Working Group 2019, S. 2865–2871):

- **Preamble**
  Die Preamble wird zur Frequenzsynchronisation, zur Schätzung des Symboltaktes und automatischen Verstärkungsreglung (engl. automatic gain control – AGC) eingesetzt.
- **Access Address**
  Abhängig vom Zustand des Link Layer, wird der Access Address ein variabler oder definierter Wert (z. B. „0x8E89BED6" im Advertising-Zustand) zugewiesen.
- **Protocol Data Unit (PDU)**
  Die Protocol Data Unit besteht aus einem Header und einer variablen Payload, über welche die eigentlichen Informationen zwischen Geräten übertragen werden.
- **Cyclic Redundancy Check (CRC)**
  Über den Cyclic Redundancy Check wird die fehlerfreie Übertragung aller in der Protocol Data Unit enthalten Informationen sichergestellt.
- **Constant Tone Extension**
  Die optional übertragene Constant Tone Extension enthält spezifisch modellierte Signalmuster für die Angle of Arrival (AoA) oder Angle of Departure (AoD) Lokalisierungsmethode (Core Specification Working Group 2019, S. 2915).

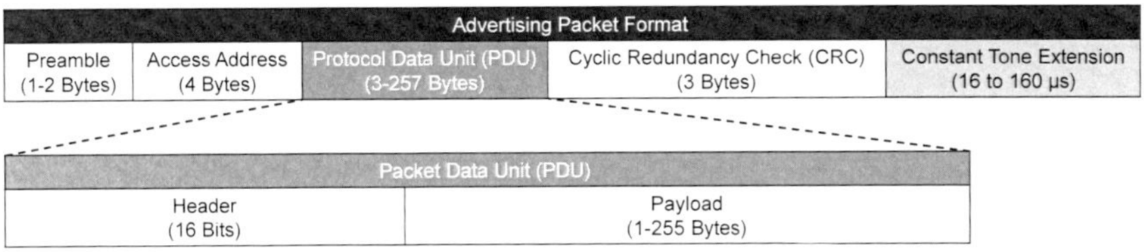

Abbildung 3-8: Link Layer advertising packet format (Core Specification Working Group 2019, S. 2865–2871)

Host Controller Interface

Die Host Controller Schnittstelle definiert eine Reihe von Befehlen, mit denen der Host mit dem Controller kommunizieren kann und umgekehrt Ereignisse, die vom Controller für die Kommunikation mit dem Host verwendet werden. (Woolley 2020, S. 7)

Logical Link Control & Adaption Protocol

Das Logical Link Control- und Adaption Protokoll (L2CAP) ist für den geregelten Austausch von Datenpaketen zwischen den unteren und oberen Schichten des Bluetooth LE Protokollstapels zuständig. Dies umfasst die Segmentierung der Datenpakete auf eine vordefinierte Transportgröße (Maximum Transmission Unit - MTU), die Steuerung der Austauschrate der Datenpakete zwischen zwei Schichten (Flow Control), die Zustellung der Datenpakete an die passende Schicht (Protocol Multiplexing) und den erneuten Zusammenbau der Datenpakete. (Woolley 2020, S. 9–10)

Attribute Protocol

Das Attribut Protokoll definiert zwei Rollen: Server und Client. Hierbei kann ein Bluetooth-Gerät zeitgleich beide Rollen einnehmen, wobei sich auf einem Gerät nur eine Instanz eines Servers befinden darf. Das Attributprotokoll ermöglicht einem Server eine Reihe von Attributen einem Client zur Verfügung zu stellen, auf die über das Attributprotokoll zugegriffen werden kann. Ein Attribut ist ein diskreter Wert, dem die folgenden Eigenschaften zugeordnet sind: Attributtyp, Attributhandle, Attributwert und Attributberechtigungen. (Core Specification Working Group 2019, S. 1478–1484)

Security Manager

Das Security Manager Protokoll ist ein Peer-to-Peer-Protokoll, mit dem Verschlüsselungs- und Identitätsschlüssel generiert werden. Das Protokoll arbeitet über einen eigenständigen L2CAP-Kanal. Die Security Manager Protokollschicht ist auch für die Speicherung der Verschlüsselungs- und Identitätsschlüssel zuständig. Die Protokollschicht ist direkt mit dem Controller verbunden, um gespeicherte Schlüssel bereitzustellen, die für die Verschlüsselung und Authentifizierung während der Verschlüsselungs- oder Pairing-Prozeduren verwendet werden. (Core Specification Working Group 2019, S. 206)

Generic Attribute Profile

Das Generic Attribute Profil (GATT) (Core Specification Working Group 2019, S. 1535–1539) basiert auf dem Attribut Protokoll. Das Generic Attribute Profil definiert Prozesse (z. B. Lesen von Werten) sowie Dienste mit Merkmalen (z. B. Lesen der Temperatur in °C) zur Kommunikation zwischen einem Server und einem Client. Die folgenden Szenarien werden über das Generic Attribute Profil abgedeckt:

- Austausch der Konfiguration
- Ermittlung von Diensten und deren Merkmale auf einem Gerät
- Lesen des Werts eines Merkmals
- Schreiben des Werts eines Merkmals
- Benachrichtigung über den Wert eines Merkmals
- Angabe des Werts eines Merkmals

Generic Access Profile

Das Generic Access Profil (GAP) stellt die gemeinsamen Grundfunktionen und damit die Kompatibilität aller Bluetooth Endgeräte dar. Hierzu gehören beispielsweise die Geräteerkennung, Verbindungsmodi, Sicherheit, Authentifizierung und Diensterkennung. (Core Specification Working Group 2019, S. 207)

Application

Meistens bildet die Applikationsschicht, in Form einer Mensch-Maschine-Schnittstelle, die Verbindung zum Benutzer des Bluetooth Geräts.

3.2.2 Bluetooth Low Energy Beacons

Im Rahmen dieser Arbeit werden Bluetooth LE Beacons als Location Tags für ein Indoor Echtzeit-Lokalisierungssystem (vergleiche Abbildung 3-1) verwendet. Grundlegend besteht ein Bluetooth LE Beacon (Abbildung 3-9) aus einem batteriebetriebenen Bluetooth LE Modul mit Antenne, welches um beliebige Hardwarekomponenten – beispielsweise unterschiedliche Sensoren – erweitert sein kann.

In dem in dieser Arbeit betrachteten Anwendungsfall, sendet ein Bluetooth LE Beacon in regelmäßigen Zeitabständen Daten in Form von Advertising Paketen (vergleiche Abbildung 3-8) an seine Umgebung. Für den Advertising-Zustand (vergleiche Abbildung 3-7) haben sich folgende drei Sendeprotokolle etabliert (Unacast Q3 2016):

- iBeacon
- Eddystone
- AltBeacon

Darüber hinaus gibt es eine Vielzahl an unternehmensspezifischen Sendeprotokollen, welche auf diesen Standards bzw. der grundlegenden Bluetooth Spezifikation (Core Specification Working Group 2019) basieren.

Abbildung 3-9: Beispiel für einen Bluetooth LE Beacon

iBeacon

Das iBeacon Protokoll wurde von Apple entwickelt und enthält Informationen zur Identität und Sendeleistung des Bluetooth LE Beacon. Die Identität des Beacons wird über die Kombination von UUID, Major und Minor festgelegt. Diese Informationen bauen hierarchisch aufeinander auf, was sinngemäß folgendermaßen zu verstehen ist: UUID = z. B. Stadt, Major = z. B. Straße und Minor = z. B. Hausnummer. Über TX Power wird ein Referenzwert zur Sendeleistung des Bluetooth LE Beacons übermittelt, mit Hilfe dessen beispielsweise die Distanz zwischen einem Beacon und einem Smartphone ermittelt werden kann. (Apple 2014, 2015)

iBeacon Data Field (31 Bytes)				
iBeacon Prefix (9 Bytes)	UUID (16 Bytes)	Major (2 Bytes)	Minor (2 Bytes)	TX Power (1 Bytes)

Abbildung 3-10: iBeacon Protokoll Format (Apple 2014, 2015)

Eddystone

Das Eddystone Protokoll (Abbildung 3-11) wurde von Google entwickelt und differenziert sich in vier unterschiedliche Formate (Google 2016):

- **Eddystone-UID**
  Das Eddystone-UID Format ist vergleichbar zum iBeacon Protokoll aufgebaut. Die Identität eines Beacons wird in diesem Protokollformat über die Kombination aus Name Space ID und Instance ID festgelegt.
- **Eddystone-URL**
  Das Eddystone-URL Format sendet eine URL (engl. Uniform Resource Locator) unter Verwendung eines komprimierten Codierungsformats, um mehr Informationen in das begrenzt große Advertising-Paket zu packen. Nach der Dekodierung kann die URL von jedem Client mit Internetzugang verwendet werden.
- **Eddystone-TLM**
  Das Eddystone-TLM-Format überträgt Telemetrie-Informationen des Beacons, wie beispielsweise Batteriespannung, Gerätetemperatur und Anzahl der gesendeten Advertising-Pakete.

- **Eddystone-EID**
  Das Eddystone-EID-Format dient zur sicheren Übertragung von Information zwischen zwei Geräten. Dies geschieht über eine verschlüsselte Kennung, die sich mit einer festgelegten Rate periodisch ändert. Unter Kenntnis dieser Informationen kann ein Empfänger die übermittelten Informationen entsprechend entschlüsseln. Für alle anderen Beobachter scheinen die Informationen sich zufällig zu ändern.

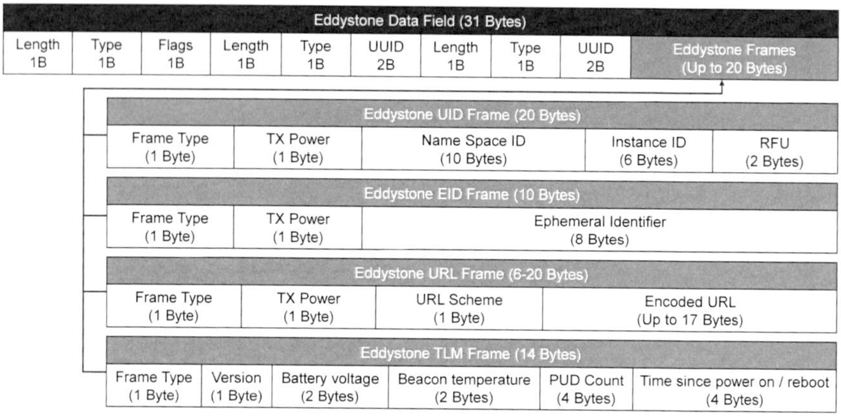

Abbildung 3-11: Eddystone Protokoll Format (Google 2016)

AltBeacon

Das AltBeacon Protokoll wurde von Radius Networks als offener und herstellerunabhängiger Standard entwickelt. In seiner Funktionalität ist das Protokoll vergleichbar zum iBeacon Protokoll. Die Identität des Beacons wird über die Beacon ID festgelegt. Über Ref RSSI wird ein Referenzwert zur Sendeleistung des Bluetooth LE Beacons übermittelt, der vergleichbar zur TX Power bei den Protokollen von Apple und Google ist. Über MFG Reserved können optional noch weitere Informationen übertragen werden, die vom Beacon Hersteller frei definierbar sind. (Radius Network 2015)

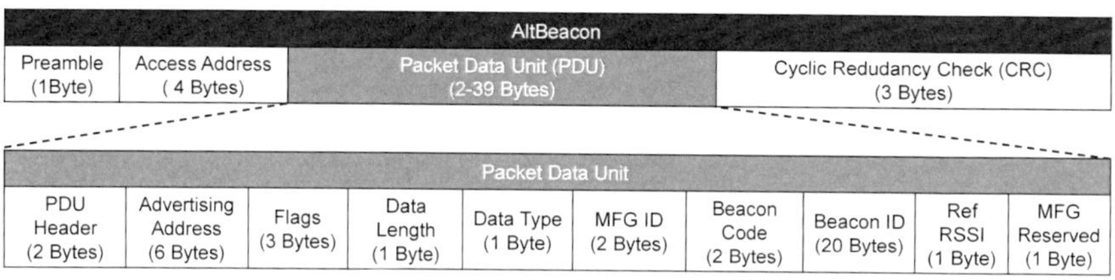

Abbildung 3-12: AltBeacon Protokoll Format (Radius Network 2015)

3.3 Lokalisierungsmethoden

Mit Hilfe von Lokalisierungsmethoden berechnet die Location Engine aus Messdaten von den Location Readern die Position eines Objektes (Abbildung 3-1). Zur Positionsdarstellung werden in dieser Arbeit folgende drei Positionsangaben verwendet (Liu et al. 2007; Hightower und Borriello 2001):

- **Symbolische Lokalisierung über Raster**
  Bei dieser Form der symbolischen Lokalisierung (Abbildung 3-13) erfolgt die Positionsbestimmung über ein selbst gewähltes einheitliches Raster.
- **Symbolische Lokalisierung über selbst gewählte Bereiche**
  Bei dieser Form der symbolischen Lokalisierung (Abbildung 3-14) erfolgt die Positionsbestimmung anhand selbstgewählter Bereiche. In dieser Arbeit besitzen die selbstgewählten Bereiche, beispielsweise in Form von Lagerflächen oder Transportwegen, einen klaren Bezug zum Produktionsprozess.
- **Physische Lokalisierung**
  Bei der physischen Lokalisierung (Abbildung 3-15) erfolgt die Positionsbestimmung über ein Koordinatensystem. In dieser Arbeit wird hierfür auf kartesische Koordinaten zurückgegriffen.

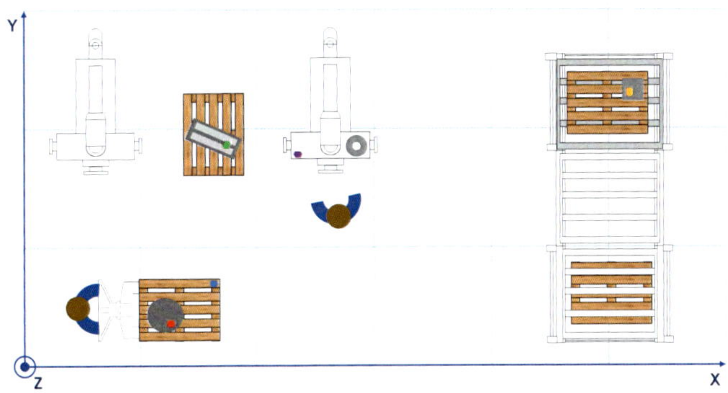

Abbildung 3-13: Positionsbestimmung über einheitliches Raster

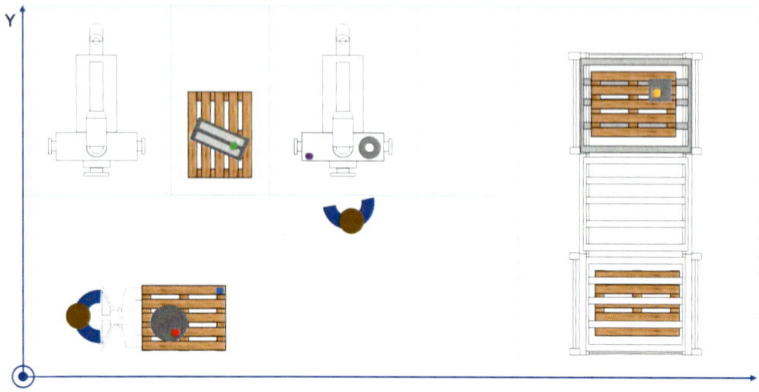

Abbildung 3-14: Positionsbestimmung über selbstgewählte Bereiche

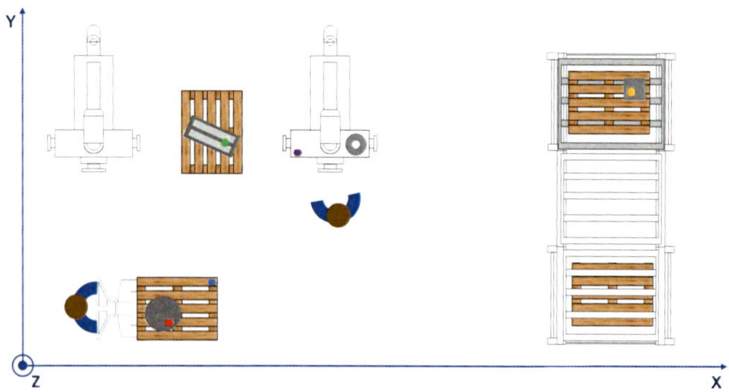

Abbildung 3-15: Positionsbestimmung über kartesische Koordinaten

Nachfolgend werden zunächst die Distanzbestimmung über die Signalstärke und darauf aufbauend die grundlegenden Lokalisierungsmethoden (Blasio et al. 2020) zur Positionsbestimmung betrachtet. Weitere Verfahren zur Positionsbestimmung, wie beispielsweise das Time of Flight (ToF) Verfahren (Giovanelli et al. 2018), sind auf Grund der in dieser Arbeit verwendeten Hardware nicht zuverlässig anwendbar und werden daher von der Betrachtung ausgeschlossen. Eine Ausnahme bilden lediglich die im Rahmen der Bluetooth Spezifikation Version 5.1 eingeführten Angle of Arrival (AoA) bzw. Angle of Departure (AoD) Lokalisierungsmethoden, deren theoretische Grundlagen kurz vorgestellt werden.

3.3.1 Signalstärke

Die Signalstärke im Frequenzbereich des ISM-Bandes wird überwiegend durch den Received Signal Strength Indicator (RSSI) erfasst (Benkic et al. 2008). Der RSSI ist eine dimensionslose Kennzahl, welche die Signalstärke der empfangenen Advertising-Pakete am Location Reader (Abbildung 3-1) darstellt. Der RSSI-Wertebereich variierte zwischen 0 und R_{max}, wobei der Maximalwert von den Eigenschaften der Hardware des Location Reader abgehängt. Unter Kenntnis der Hardwareeigenschaften kann jeder RSSI-Wert in einen absoluten Leistungswert umgerechnet werden, welcher üblicherweise in dBm (Dezibel Milliwatt) angegeben wird (Gl. 3-1). Die Leistungsangabe erfolgt dabei in Relation zur Referenzleistung von 1 mW (Milliwatt). (Vlavianos et al. 2008)

$$r = 10\,log\left(\frac{P}{1mW}\right)$$

$r = Received\ Signal\ Strength\ Indicator$ Gl. 3-1

$P = Signalstärke\ des\ empfangenen\ Signals$

Der Abstand zwischen Location Tag und Location Reader korreliert (Subhan et al. 2011) mit der empfangen Signalstärke am Location Reader (Abbildung 3-16). Dieser Zusammenhang wird meistens durch ein Radio Propagation Model dargestellt (Subhan et al. 2019).

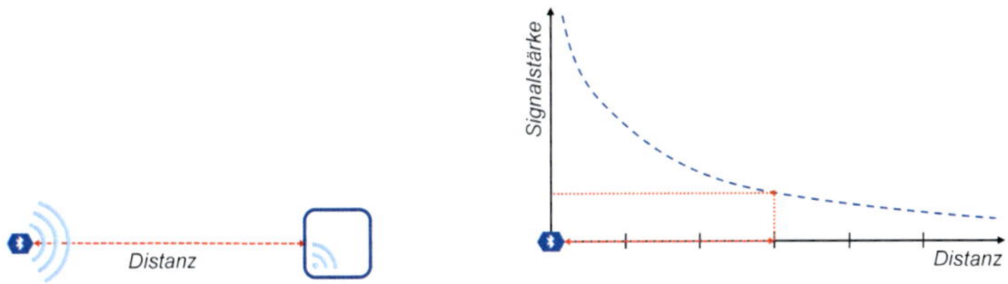

Abbildung 3-16: Signalstärkebasierte Distanzbestimmung

Radio Propagation Model

Das Radio Propagation Model (Subhan et al. 2019; Cuadra-Troncoso et al. 2015; Subhan et al. 2011) ist nachfolgend definiert (Gl. 3-2). Die Referenz RSSI wird bei Bluetooth LE in der Regel über das Advertising-Paket übertragen. Die Konstante zur Berücksichtigung der Abnahme der Signalstärke auf Grund der Umgebungsbedingungen liegt nach Subhan et al. (2019) in einem Bereich zwischen eins bis vier. Für eine zuverlässige Anwendung des Modells sollten alle Konstanten jedoch unter Berücksichtigung der verwendeten Hardware und Umgebungsbedingungen ermittelt werden.

$$r = r_0 - 10c \cdot \log_{10} d$$

$r = RSSI$

$r_0 = Referenz\ RSSI\ bei\ 1\ m\ Abstand\ zwischen\ Sender\ und\ Empfänger$ Gl. 3-2

$c = Konstante\ zur\ Berücksichtigung\ der\ Abnahme\ der\ Signalstärke$

$d = Distanz\ zwischen\ Sender\ und\ Empfänger$

3.3.2 Proximity

Die Proximity (dt. Nähe) oder Engpass Lokalisierungsmethode stellt die einfachste Form der signalstärkebasierten Lokalisierung dar. Mit dieser Methode lässt sich die Anwesenheit eines

Objektes bzw. Location Tags in einem Raum oder innerhalb eines bestimmten Bereiches ermitteln. Hierzu wird überprüft, ob ein Location Reader das Signal eines Location Tags in einem Raum prinzipiell empfangen kann oder die empfangene Signalstärke, innerhalb eines bestimmten Bereiches, einen vorgegeben Schwellwert (Abbildung 3-17) übersteigt.

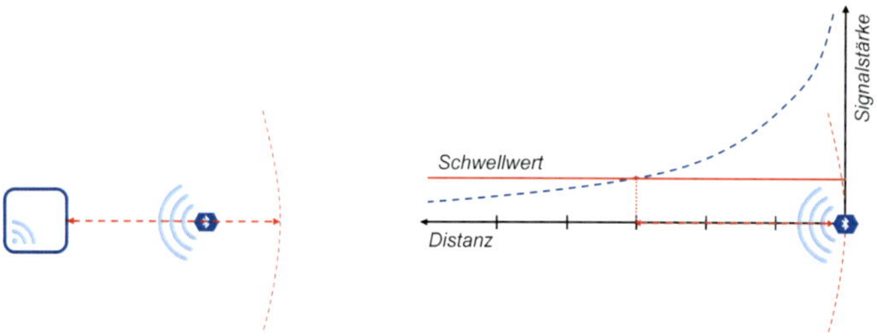

Abbildung 3-17: Signalstärkebasierte Anwesenheitsbestimmung

3.3.3 Lateration

Für die Anwendung dieser Lokalisierungsmethoden wird die Distanz zwischen einem Location Tag und mindestens drei Location Readers benötigt. Abhängig von der Anzahl der Location Reader spricht man von Trilateration (drei Location Readers) oder Multilateration (mehr als drei Location Readers). Zur Lokalisierung eines Objektes bzw. Location Tags dürfen die Location Readers nicht auf einer Linie liegen und sollten ausreichend Abstand zueinander haben.

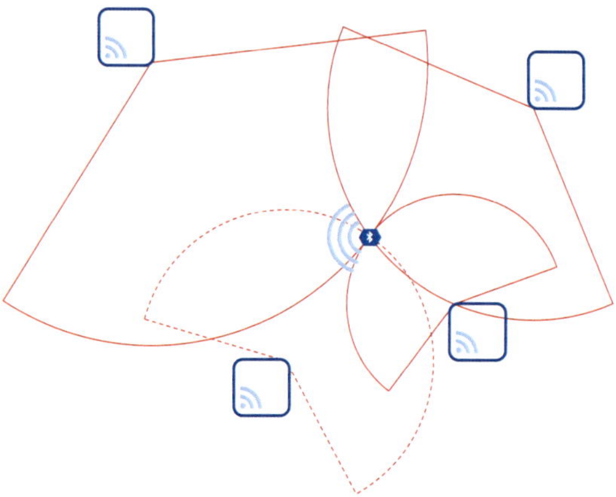

Abbildung 3-18: Positionsbestimmung über Trilateration bzw. Multilateration

Die Positionsbestimmung erfolgt, indem man Kreise (2D) bzw. Kugeln (3D) mit der ermittelten Distanz zum Location Tag um die Location Readers zieht (Abbildung 3-18). Der Schnittpunkt repräsentiert die Position des Location Tags und kann über unterschiedliche mathematische Verfahren (Norrdine 2012; Norrdine 2008; Awange und Grafarend 2002) ermittelt werden. Hierbei ist zu berücksichtigen, dass sich bei Abweichungen in der Distanzbestimmung kein

Schnittpunkt, sondern eine Schnittfläche bzw. ein Schnittvolumen ergibt. Durch den Einsatz von zusätzlichen Location Readers kann die Genauigkeit der Positionsbestimmung tendenziell erhöht werden.

3.3.4 Triangulation

Voraussetzung für die Triangulation ist die genaue Kenntnis über die Entfernung zwischen zwei Location Readers und die Winkel, mit welchen das Location Tag Signal von den Location Readers empfangen wird (Abbildung 3-19). Während die Distanzbestimmung zwischen zwei Location Readers prinzipiell bei deren Montage erfolgt, können die Winkel über das in der Bluetooth Spezifikation Version 5.1 eingeführte Direction Finding (dt. Funkpeilung) bestimmt werden (Abbildung 3-20).

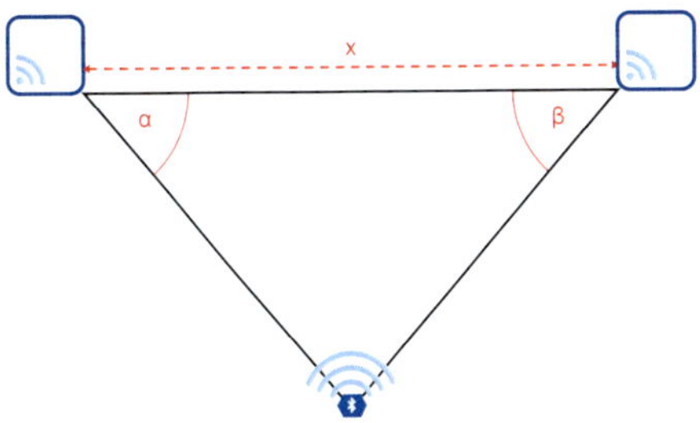

Abbildung 3-19: Positionsbestimmung über Triangulation

Das Direction Finding umfasst die Angle of Arrival (AoA) oder Angle of Departure (AoD) Lokalisierungsmethoden, die zur Richtungsermittlung eines Signals die Phasendifferenz nutzen. Hierfür wird zwischen zwei Geräten ein spezifisches Signal zur Richtungsermittlung übertragen, welches in der Constant Tone Extension der Bluetooth LE Advertising Pakete enthalten ist (vgl. Abbildung 3-8). (Martin Woolley 2019)

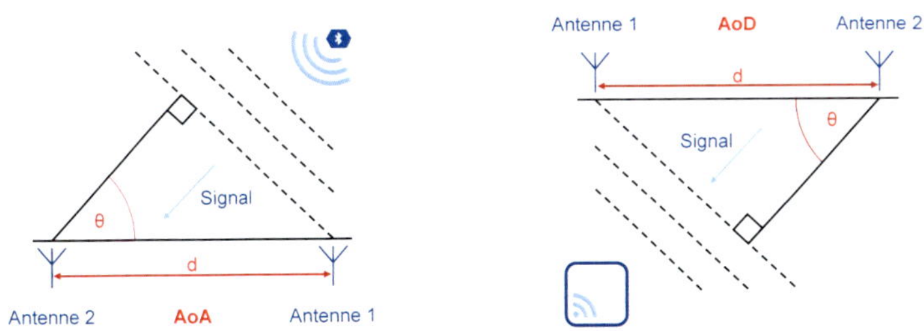

Abbildung 3-20: Angle of Arrival (AoA) und Angle of Departure (AoD) (Martin Woolley 2019)

Beim AoA Verfahren verfügt der Location Reader über eine Arrayantenne (vgl. Abbildung 3-20 links) wohingegen beim AoD Verfahren die Arrayantenne (vgl. Abbildung 3-20 rechts) im Location Tag verbaut ist. Wenn der Abstand zwischen zwei Antennen, die Phasendifferenz und die Wellenlänge des Signals bekannt sind, kann der Winkel des Signals mit Hilfe grundlegender Trigonometrie berechnet werden. Die Berechnungsformeln für das AoA Verfahren Gl. 3-3 und das AoD Verfahren Gl. 3-4 sind nachfolgend abgebildet. Mit diesen Lokalisierungsmethoden sollen Genauigkeiten unter einem Meter möglich sein. (Martin Woolley 2019)

$$\theta = arccos\left(\frac{\psi\lambda}{2\pi d}\right)$$

$$\psi = Phasendifferenz$$

$$\lambda = Wellenlänge\ des\ Funksignals \qquad \text{Gl. 3-3}$$

$$d = Distanz\ zwischen\ zwei\ Antennen$$

$$\theta = AoA$$

$$\theta = arcsin\left(\frac{\psi\lambda}{2\pi d}\right)$$

$$\psi = Phasendifferenz$$

$$\lambda = Wellenlänge\ des\ Funksignals \qquad \text{Gl. 3-4}$$

$$d = Distanz\ zwischen\ zwei\ Antennen$$

$$\theta = AoD$$

3.3.5 Fingerprinting

Die Lokalisierungsmethode Fingerprinting umfasst zwei Phasen. In der ersten Phase – Lernen bzw. Kalibrieren – werden über Location Readers RSSI Werte und optionale Sensorwerte von Location Tags an bekannten Orten erfasst (Abbildung 3-21). Diese Referenzwerte werden zusammen mit der Standortinformation der Location Tags in einer Datenbank gespeichert. In der zweiten Phase – der eigentlichen Lokalisierung – werden die aktuellen Messwerte von den Location Readers unter Verwendung geeigneter Methoden, mit denen in der Datenbank hinterlegten Referenzwerten verglichen. Analog zur Personenidentifikation über Fingerabdrücke in der Kriminaltechnik, kann der Location Tag über den Abgleich der RSSI Werte einer wahrscheinlichen Position zugeordnet werden. (Blasio et al. 2020; Kriz et al. 2016)

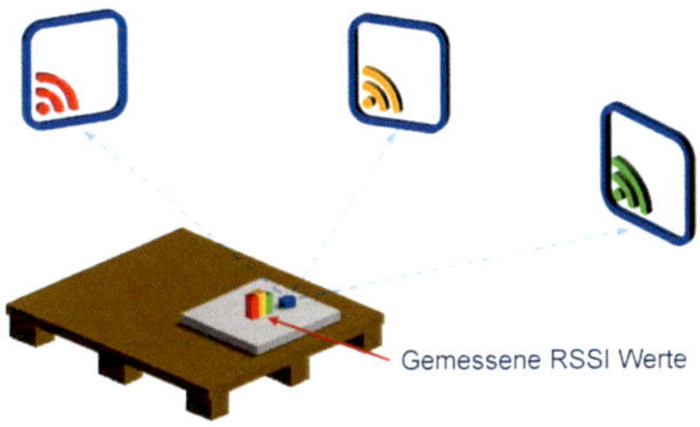

Abbildung 3-21: Fingerprinting basierend auf der Signalstärke

Gängige Methoden zum Abgleich von Messwerten und Referenzwerten (Blasio et al. 2020; Davidson und Piche 2017; Kriz et al. 2016; Liu et al. 2007) sind unter anderem:

- Nächste-Nachbarn-Klassifikation (engl. k-Nearest-Neighbor | KNN)
- Support Vector Machine (SVM)
- Künstliche neuronale Netze (engl. artifical neural networks | ANN)

Künstliche neuronale Netze zeichnen sich dadurch aus, dass sie auch Korrelation zwischen verrauschten Messwerten herstellen können. Daher kommen künstliche neuronale Netze bei diesen Randbedingungen verstärkt zum Einsatz. (Altini et al. 2010)

3.4 Fazit zur Wissensbasis

Im Rahmen der Literaturrecherche wurden eine Vielzahl an Ansätze für Indoor Echtzeit-Lokalisierungssystemen für die verschiedenen Lokalisierungsmethoden basierend auf Bluetooth LE identifiziert. Eine Auswahl verschiedener Ansätze ist in Tabelle 3-2 dargestellt.

Tabelle 3-2: Übersicht Bluetooth LE Indoor Echtzeit-Lokalisierungssysteme

Quelle	Anwendungsbereich	Eigenortung	Fremdortung	Proximity	Lateration	Triangulation	Fingerprinting	Anmerkung
(Qiu et al. 2020)	Flur		X			X		Es wird nur der Empfangswinkel des Signals bestimmt
(Cannizzaro et al. 2020)	Lagerhalle Fertigungshalle	X			X		X	Fingerprinting erzielte bessere Ergebnisse als Lateration
(Lie et al. 2020)	Versuchsraum (ca.9,9 m x 7,7 m)	X					X	
(Morgado et al. 2019)	Bibliothek	X			X		X	Fingerprinting erzielte bessere Ergebnisse als Lateration
(Subhan et al. 2019)	Versuchsraum (ca. 10 m x 10 m)	X			X		X	Fingerprinting erzielte bessere Ergebnisse als Lateration
(Konstantinos und Orphanoudakis 2019)	Wohnung	X					X	
(Martins et al. 2019)	Flur mit Büroräumen Bibliothek	X					X	
(Ai et al. 2018)	Parkhaus	X					X	
(Giovanelli et al. 2018)	Aula bzw. Innenhof (ca. 15 m x 50 m)	X			X			Neben der Lateration über RSSI wurde auch TFO untersucht
(Cantón Paterna et al. 2017)	Großraumbüro Bibliothek		X		X			
(Kriz et al. 2016)	Flur mit Büroräumen	X					X	Kombination von Bluetooth LE und WiFi zur Ortung
(Zhuang et al. 2016)	Flur mit Büroräumen	X			X		X	Fingerprinting erzielte bessere Ergebnisse als Lateration
(Faragher und Harle 2015)	Flur mit Büroräumen	X					X	Kombination von Bluetooth LE und WiFi zur Ortung
(Kajioka et al. 2014)	Versuchsraum (ca. 10 m x 50 m)	X					X	

Als Lokalisierungsmethoden werden meistens unterschiedliche Varianten von Lateration und Fingerprinting verwendet. Im direkten Vergleich ermöglicht Fingerprinting dabei eine genauere Positionsbestimmung als Lateration, was jedoch auch mit einem höheren Aufwand für die Systemkalibrierung verbunden ist. In einzelnen Szenarien konnten über Fingerprinting Genauigkeiten von unter einem Meter erreicht werden. Über Lokalisierungsmethoden zur Triangulation ist noch sehr wenig veröffentlich, da die notwendige Hardware zur Ermittlung der Winkelinformationen von den kommerziellen Herstellern aktuell erst für Entwicklungszwecke zur Verfügung gestellt wird und noch über Optimierungspotential verfügt. Basierend auf den ersten Laborversuchen sollen mit dieser Lokalisierungsmethode Genauigkeiten von unter einem Meter erreicht werden können.

Die Lokalisierungsmethode Proximity wurde in keiner der Veröffentlichungen betrachtet, was auf die eingeschränkte Aussagekraft der Lokalisierungsmethode und den damit begrenzten Mehrwert für eine Vielzahl an Anwendungsszenarien zurückgeführt werden kann. Hinsichtlich der Architektur der Echtzeit-Lokalisierungssysteme dominiert die Eigenortung gegenüber der Fremdortung. Hierzu ist anzumerken, dass die Eigenortung technologisch einfacher realisiert werden kann als die Fremdortung. Die Anwendungsbereiche für die Indoor Echtzeit-Lokalisierungssysteme konzentrieren sich mit Fluren, Büroräumen, Bibliotheken und Versuchsräumen, überwiegend auf innerhalb einer Universität verfügbare Räumlichkeiten. In Einzelfällen wurden auch Untersuchungen in einer Wohnung, einem Parkhaus und einer industriellen Umgebung durchführt.

Ziel dieser Arbeit ist die Untersuchung der Eignung von Bluetooth Low Energy als Technologie für ein Indoor Echtzeit-Lokalisierungssystem zur Rückverfolgung von Bauteilen in der Einzel- und Kleinserienfertigung. Hierbei ist für die Architektur des Indoor Echtzeit-Lokalisierungssystems die Fremdortung vorgesehen. Diese Kombination aus Anwendungsbereich und Systemarchitektur wird so in der Literatur noch nicht betrachtet. Bisher konnten nur Beispiele gefunden werden, in welchen der Anwendungsbereich und die Systemarchitektur getrennt voneinander betrachtet wurden. Um die Eignung von Bluetooth Low Energy als Technologie für ein Indoor Echtzeit-Lokalisierungssystem unter diesen Rahmenbedingungen beurteilen zu können, sind daher noch weitere Untersuchungen notwendig.

4 Gestaltungsorientierte Forschung

Ziel dieser Arbeit ist die Untersuchung der Eignung von Bluetooth LE als Technologie für ein Indoor Echtzeit-Lokalisierungssystem zur Rückverfolgung von Bauteilen in der Einzel- und Kleinserienfertigung. Hierzu wird in diesem Kapitel zunächst ein Indoor Echtzeit-Lokalisierungssystem unter Berücksichtigung der bestehenden Anforderungen in der Einzel- und Kleinserienfertigung definiert. Zur Durchführung von Untersuchungen werden die relevanten Bestandteile des Lokalisierungssystems entsprechend prototypisch umgesetzt. Anhand des Prototyps wird anschließend das Systemverhalten im Laborumfeld sowie in der Einzel- und Kleinserienfertigung untersucht. Abschließend erfolgt unter Berücksichtigung der gewonnenen Erkenntnisse eine experimentelle Untersuchung der Leistungsfähigkeit von Bluetooth LE als Technologie für eine Indoor Echtzeit-Lokalisierungssystem in der Einzel- und Kleinserienfertigung.

4.1 Konkretisierung des Anwendungsbereichs

Zur Ermittlung der Anforderung an die Echtzeitfähigkeit des Indoor Lokalisierungssystems wurden Unternehmen aus dem Bereich der Einzel- und Kleinserienfertigung nach der minimalen und durchschnittlichen Verweildauer eines Bauteiles an einer Bearbeitungsstation befragt (Abbildung 4-1). Die Verweildauer beträgt fast durchgängig mehrere Minuten, weshalb für den weiteren Verlauf der Arbeit eine weiche Echtzeit von zehn Minuten als Anforderung an das Indoor-Lokalisierungssystem definiert wurde. Eine dynamische Rückverfolgung der Bauteile während des Transports zwischen Bearbeitungsstationen bzw. Lagerorten wird auf Grund dieser Zeitvorgabe nicht betrachtet.

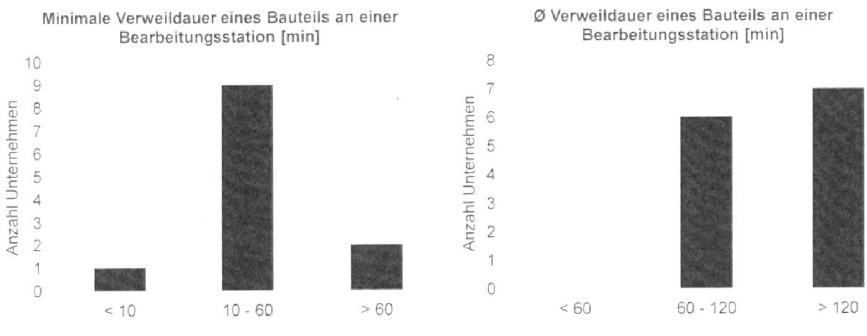

Abbildung 4-1: Minimale und durchschnittliche Verweildauer eines Bauteils an einer Bearbeitungsstation (Brecher und Schmitt 2020, S. 82)

Betrachtet man den Weg eines Bauteils entlang des Auftragsabwicklungsprozesses in der Einzel- und Kleinserienfertigung, so lässt sich dieser Weg in bestimmte Orte herunterbrechen. Über diese Orte bzw. einen Ortswechsel können wiederum Rückschlüsse auf den aktuellen Status quo eines Bauteils bzw. dessen Durchlaufzeit geschlossen werden (Abbildung 4-2).

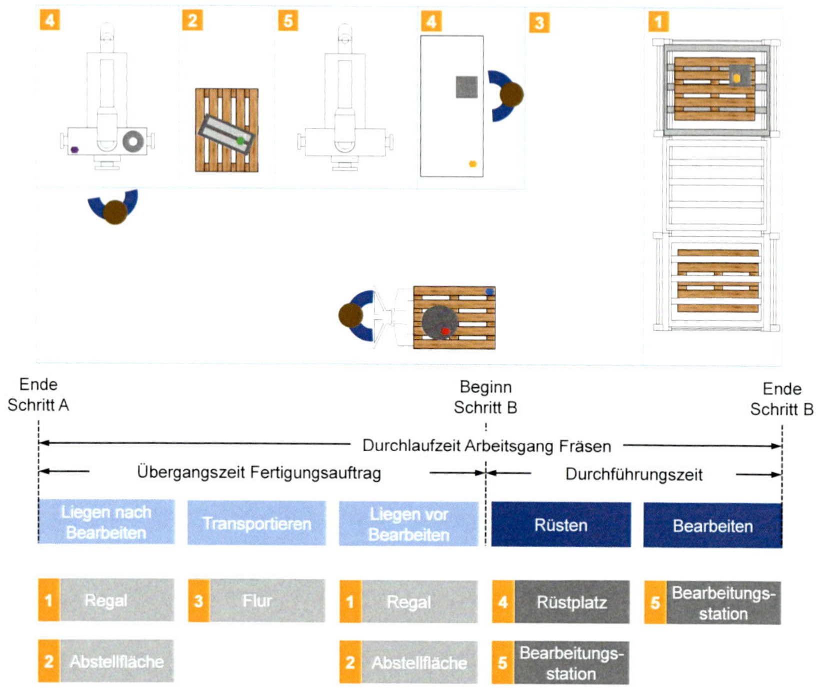

Abbildung 4-2: Anwendungsfälle zur Rückverfolgung von Bauteilen

Im Wesentlichen kann ein Bauteil an verschiedenen Orten gelagert werden, von Ort zu Ort transportiert werden sowie an verschiedenen Orten gerüstet und bearbeitet werden. Hinsichtlich des Rüstvorgangs ist zu beachten, dass dieser häufig direkt an der Bearbeitungsstation und nicht zwingend an einem separaten Arbeitsplatz erfolgt. Die Übergangszeit eines Fertigungsauftrags kann so durch die Ortswechsel zwischen zwei Bearbeitungsstationen bzw. einer Bearbeitungsstation und einem Rüstplatz erfasst werden. Die Durchführungszeit entspricht der Verweildauer des Bauteils an einer Bearbeitungsstation bzw. einer Bearbeitungsstation und dem dazugehörigen Rüstplatz.

Eine detaillierte Erfassung des Status quos des Produktionsprozesses und der benötigten Durchlaufzeit eines Auftrages je Prozessschritt kann durch die Erfassung der Ortswechsel zwischen den einzelnen Bereichen in der Produktion erfolgen (Abbildung 4-2). Erfolgt der Rüstvorgang ebenfalls an der Bearbeitungsstation, könnte die Zeit durch separate Bereiche für Rüsten und Bearbeiten erfasst werden. Abhängig vom jeweiligen Status würde man den zum Bauteil gehörenden Bluetooth LE Beacon, analog zu einem Magnet an einer Magnettafel, in den Erfassungsbereich Rüsten oder Bearbeiten platzieren und dadurch die Zeiterfassung starten bzw. beenden.

Meistens werden von den Unternehmen jedoch nur die Übergangs- und Durchführungszeit eines Prozessschritts für die Produktionsplanung und -steuerung herangezogen (vgl. Kapitel 2.3). Dementsprechend werden im weiteren Verlauf der Arbeit auch nur die Anforderungen an ein Indoor Echtzeit-Lokalisierungssystem zur Erfassung dieser Zeiten betrachtet.

4.2 Definition eines Indoor Echtzeit-Lokalisierungssystems

Ausgehend von den Modulen eines Echtzeit-Lokalisierungssystems (Abbildung 3-1) wird für die weiteren Untersuchungen in dieser Arbeit ein möglicher Systemaufbau eines Indoor Echtzeit-Lokalisierungssystems skizziert (Abbildung 4-3) und damit die folgende untergeordnete Forschungsfrage adressiert:

Wie sieht ein Konzept für ein Indoor Echtzeit-Lokalisierungssystem auf Basis von Bluetooth Low Energy zur Rückverfolgung von Bauteilen in der Einzel- und Kleinserienfertigung aus?

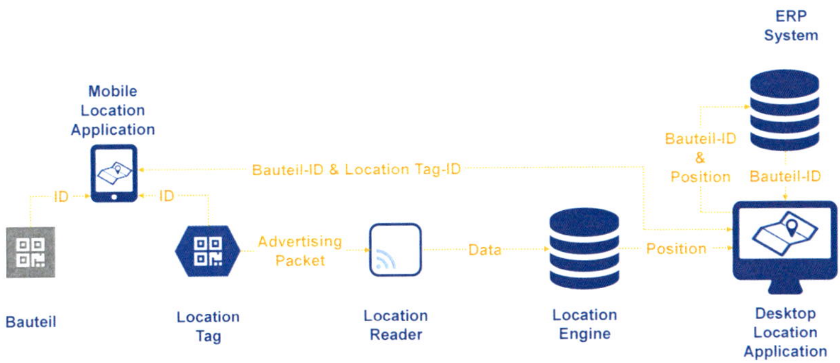

Abbildung 4-3: Konzept für ein Indoor Echtzeit-Lokalisierungssystem

Für das Indoor-Lokalisierungssystem wird in dieser Arbeit der Ansatz der Fremdortung (vgl. Kapitel 3.1.4) verfolgt, wodurch die Location Tags an den Bauteilen bzw. den dazugehörigen Ladungsträgern befestigt sind und durch stationäre Location Readers erfasst werden (Abbildung 4-4). Die Positionsbestimmung des Bauteils über die Location Engine und die dazugehörige Desktop Location Application kann auf einem lokalen oder cloudbasierten Server erfolgen.

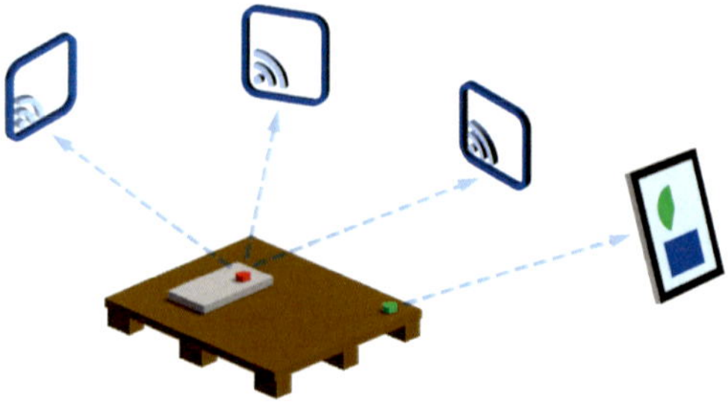

Abbildung 4-4: Detailbetrachtung Systemaufbau

Die Rückverfolgung von Bauteilen in der Einzel- und Kleinserienfertigung erfordert meist die Integration des Indoor-Lokalisierungssystems in die bestehende IT-Infrastrukturkur, da Informationen zum Status quo und der Durchlaufzeit eines Auftrages bzw. den dazugehörigen Bauteilen häufig über das ERP- bzw. MES-System eines Unternehmens erfasst bzw. verwaltet werden. Hierfür wird für jedes Bauteil sinngemäß eine Bauteil-ID angelegt, über welche diese Informationen eindeutig zugeordnet werden können. Ebenso wird für jeden Location Tag seine ID in der Location Application hinterlegt. Um die systemseitige Rückverfolgung eines Bauteiles zu ermöglichen ist es notwendig, eine Verknüpfung zwischen der ID des Bauteils und der ID des Location Tags herzustellen (Abbildung 4-3). Häufig ist die Bauteil ID bereits in Form eines Strich- oder QR-Codes auf dem Bauteil oder Ladungsträger angebracht. Analog dazu bietet es sich an, auch die ID des Location Tags in Form eines QR-Codes entsprechend anzubringen. Über eine mobile Location Application in Form einer Smartphone App, können beide IDs optisch gescannt und systemseitig gekoppelt werden.

Ausgehend von diesem Systemaufbau, kann das Indoor Echtzeit-Lokalisierungssystem folgendermaßen in den Auftragsabwicklungsprozess in der Einzel- und Kleinserienfertigung (Abbildung 2-6) integriert werden (Abbildung 4-5). Nachdem die Auftrags- bzw. Bauteil-ID angelegt und das Rohmaterial für die Bauteile bereitgestellt wurden, kann an dem dazugehörigen Ladungsträger oder dem Rohmaterial selbst ein Location Tag in Form eines Bluetooth LE Beacons befestigt werden. Bei einer Vielzahl an Bauteilen kann die Befestigung des Location Tags magnetisch oder an den Ladungsträgern über selbstklebendes Klettband erfolgen. Prinzipiell muss die Befestigung des Location Tags in Abhängigkeit des Anwendungsfalls betrachtet werden. Anschließend werden die Bauteil-ID und Location Tag-ID über die mobile Location Application miteinander gekoppelt. Während des Produktionsprozesses wird der Status quo und damit indirekt die Durchlaufzeit der Bauteile bzw. der dazugehörigen Ladungsträger über den Location Tag erfasst. Je nach Anwendungsfall kann es notwendig sein den Location Tag vorübergehend zu entfernen, insbesondere wenn dieser direkt am Bauteil befestigt ist. Nach Abschluss des Produktionsprozesses bzw. vor Versand des Bauteils werden die Bauteil-ID und Location Tag-ID systemseitig wieder entkoppelt und der Location Tag entfernt. Dieser steht damit wieder zur Rückverfolgung neuer Aufträge bzw. Bauteile zur Verfügung.

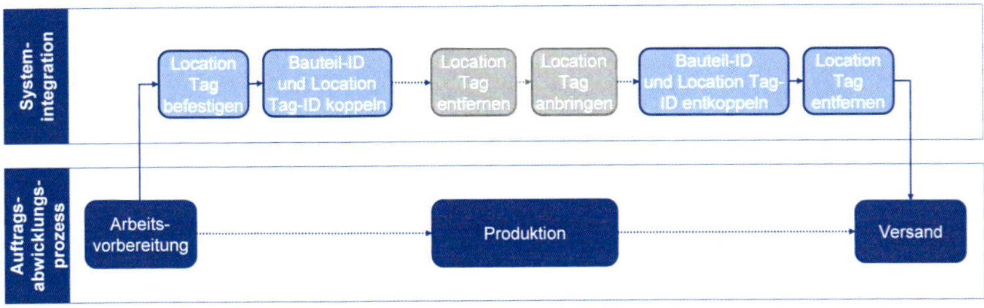

Abbildung 4-5: Systemintegration in den Auftragsabwicklungsprozess

4.2.1 Hardwarearchitektur

Zur Untersuchung der Eignung von Bluetooth LE als Basis für ein Indoor Echtzeit-Lokalisierungssystem, wurden die hierfür notwendigen Module des Indoor Echtzeit-Lokalisierungssystem prototypisch umgesetzt. Der nachfolgend vorgestellte Prototyp (Abbildung 4-6) basiert unter anderem auf Erkenntnissen, die im Rahmen der Betreuung der Masterarbeit von Wittenbrink (2017) gewonnen wurden. Entscheidend für die Eignung der Bluetooth LE Technologie zur Bauteilrückverfolgung in der Produktion ist die Genauigkeit und Zuverlässigkeit, mit welcher die Position eines Bauteils bestimmt werden kann. Aufbauend auf der Definition des Indoor-Echtzeitlokalisierungssystems, liegt der Fokus des Prototypens daher auf der Positionsbestimmung des Location Tags in Form eines Bluetooth LE Beacon. Als Location Readers werden für den Prototypen Raspberry Pis verwendet, welche die erhobenen Messwerte über WLAN an die Location Engine in Form eines Laptops mit passender Softwarelösung übertragen.

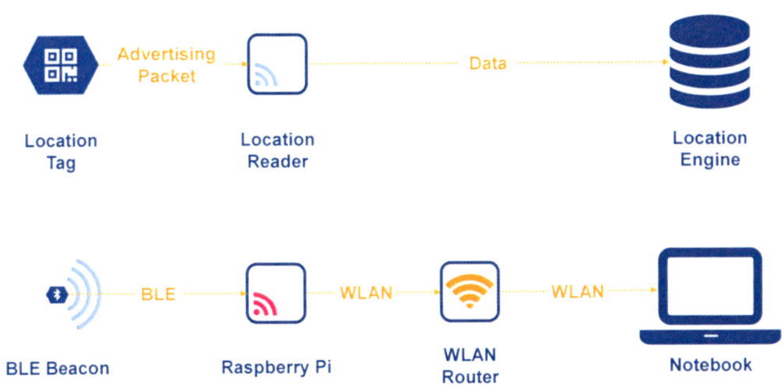

Abbildung 4-6: Hardwarearchitektur des Echtzeit-Lokalisierungssystems

Zur Untersuchung der Einflussgrößen auf des Systemverhalten wurde in dieser Arbeit zunächst ein Bluetooth LE Beacon der Firma ifm (Abbildung 4-7) verwendet, welcher auf dem BGM111 Blue Gecko Bluetooth Module (Silicon Labs 2017) basiert und das AltBeacon Protokoll (vgl. Kapitel 3.3) sendet. Die Sendeleistung des Bluetooth LE Beacons (TX Power) wurde je nach Versuchsaufbau entsprechend angepasst, um den Energieverbrauch zu optimieren.

Bluetooth	Bluetooth 4.2
Radio	TX power: bis zu +8 dBm RX sensitivity: bis zu -92 dBm
Microcontroller	38,4 MHz ARM Cortex M4 32 kB RAM 256 kB Flash

Abbildung 4-7: ifm-Beacon V1 (Brecher und Schmitt 2020, S. 88)

Als Empfänger wurde der Raspberry Pi 3 Model B (Abbildung 4-8) verwendet, welcher mit einer Vielzahl an Softwarelösungen kompatibel ist und sich daher besonders für den Aufbau eines Prototyps eignet. Dieser verfügt über ein integriertes WLAN und Bluetooth Modul (Cypress 2017), welches zur Vernetzung der Raspberry Pi sowie zur Messung der Signalstärke herangezogen wurde. In der Zwischenzeit gibt es bereits weiterentwickelte Raspberry Pi Modelle. Um vergleichbare Ergebnisse zur erlangen, wurde das Raspberry Pi Modell über den Verlauf dieser Arbeit jedoch nicht gewechselt.

Bluetooth	Bluetooth 4.1
Radio	BCM43438 / CYW43438 Wireless LAN and Bluetooth LE TX power: bis zu +8,5 dBm RX Sense: bis zu -97 dBm
Microcontroller	Quad Core 1.2GHz Broadcom BCM2837 64bit CPU

Abbildung 4-8: Raspberry Pi 3 Model B (Bildquelle: www.rapsberrypi.org)

Als Softwarelösung zur Erfassung und Datenverarbeitung wurde auf MATLAB des Unternehmen MathWorks zurückgegriffen, welches über eine Plugin-Lösung für den Raspberry Pi sowie eine Vielzahl an Modulen zur Datenvorverarbeitung und -visualisierung verfügt. Über die Plugin-Lösung können mehrere Raspberry Pis im selben Netzwerk über die IP-Adresse aus MATLAB heraus angesteuert werden. Für den Prototypen in dieser Arbeit wurde hierzu ein lokales WLAN eingerichtet, in dem jedem Raspberry Pi anhand der MAC-Adresse eine feste IP-Adresse zugewiesen wurde. Die Erhebung der Messgrößen von den Bluetooth LE Beacons über die Raspberry Pis wurde in einem MATLAB Programm umgesetzt, welches nachfolgend beschrieben wird.

4.2.2 Softwarearchitektur

Die Softwarearchitektur baut auf dem in Abbildung 3-6 vorgestellten Bluetooth LE Protokollstapel auf und basiert unter anderem auf Erkenntnissen, die im Rahmen der Betreuung der Masterarbeit von Wittenbrink (2017) gewonnen wurden. Der Controller des Bluetooth LE-Beacons wird in den Advertising Zustand versetzt und sendet über die drei Advertising Kanäle 37 - 39 (vgl. Tabelle 3-1) Advertising Pakete in Form des eingestellten Sendeprotokolls (vgl. Kapitel 3.3). Der Controller des Raspberry Pis befindet sich im Scanning Zustand und empfängt die Advertising Pakete. Zur Weiterverarbeitung der empfangen Advertising Pakete auf der Seite des Raspberry Pi wird auf den offiziellen Linux Bluetooth Protokollstapel BlueZ (blueZ

2020) zurückgegriffen. Über die von BlueZ bereitgestellte Applikation *hcidump* werden die empfangen Advertising Pakete letztendlich in eine für den Benutzer lesbare Form konvertiert.

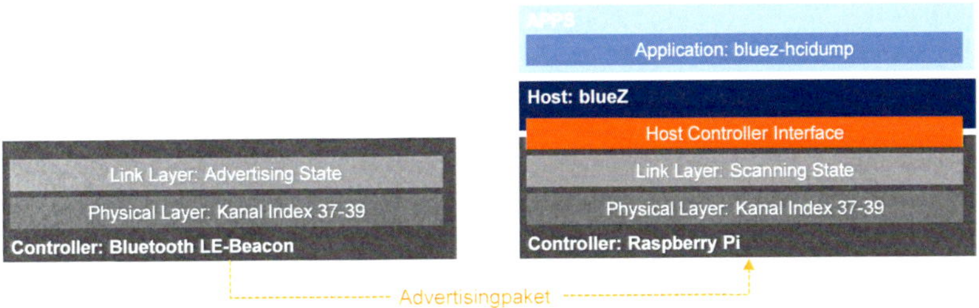

Abbildung 4-9: Softwarearchitektur basierend auf dem Bluetooth LE Protokollstapel (vgl. Wittenbrink 2017)

Nachfolgend werden die wesentlichen Elemente bzw. die verwendeten Befehle des MATLAB Programms zur Messdatenerhebung kurz vorgestellt (Abbildung 4-10). Der Großteil des Programms wird direkt über die Linux Shell auf dem Raspberry Pi ausgeführt, welche über das „Raspberry Pi Support Package" aus MATLAB heraus angesprochen werden kann.

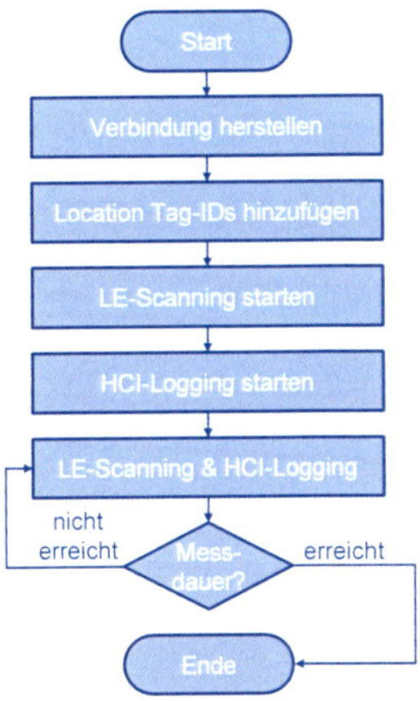

Abbildung 4-10: MATLAB Programmablauf zur Datenerhebung (vgl. Wittenbrink 2017)

Verbindung herstellen

Zunächst muss eine Verbindung aus MATLAB zu den als Location Readers eingesetzten Raspberry Pis hergestellt werden, um auf die Linux Shell der Raspberry Pis zugreifen zu können. Hierfür wird folgender MATLAB-Befehl ausgeführt:

```
>raspi('<ipaddress>','<user>','<password>')
```

Location Tag-IDs hinzufügen

Um ausschließlich relevante Bluetooth LE Beacons zu erfassen, werden den Location Readers die Location Tag-IDs in Form der Bluetooth Device MAC-Adressen (Abkürzung: bdaddr) übergeben. Diese werden als sogenannte „Whitelist“ hinterlegt und dienen sinngemäß als Filter gegenüber anderen Bluetooth LE Geräten im Produktionsumfeld, wie beispielsweise Fitnessarmbändern von Mitarbeitern. Hierfür wird die von BlueZ bereitgestellte Applikation *hcitool* und folgender Bash-Befehl verwendet:

```
$sudo hcitool -i hci0 lewladd <bdaddr>
```

LE-Scanning starten

Nach Übertragung aller Location Tag-IDs, wird der Link Layer der Raspberry Pis in den Scanning-Zustand versetzt. Hierfür wird folgender Bash-Befehl mit drei zusätzlichen Optionen verwendet:

```
$sudo hcitool -i hci0 lescan --passive --whitelist --duplicates
```

Die zusätzlich verwendeten Optionen des Befehls sind folgendermaßen definiert:

- *Passive:* Nach dem Empfang eines Advertising Paketes wird sinngemäß keine Rückfrage an den Absender geschickt, da aller relevanten Information bereits in dem Paket enthalten sind.
- *Whitelist:* Es werden nur Advertising Pakete von Bluetooth LE Geräten mit entsprechend in der Whitelist hinterlegter Bluetooth Device MAC-Adresse erfasst.
- *Duplicates:* Es werden auch sich wiederholende Advertising Pakte – d.h. Signal vom gleichen Location Tag – erfasst.

HCI-Logging starten

Über die von BlueZ bereitgestellte Applikation hcidump werden die empfangenen Advertising Pakete sowie die dazugehörige am Raspberry Pi gemessene Signalstärke in Form des RSSI-Werts gespeichert. Hierfür wird folgender Bash-Befehl mit zwei zusätzlichen Optionen verwendet:

```
$sudo hcidump -i hci0 --raw > signalLog
```

Die zusätzlich verwendeten Optionen des Befehls sind folgendermaßen definiert:

- Raw: Die empfangen Advertising Pakete werden unverändert als paarweise Hexadezimalwerte dargestellt bzw. gespeichert (Abbildung 4-11).
- SignalLog: Die Speicherung der Daten erfolgt in der Datei signalLog, über welche anschließend auf diese zugegriffen werden kann.

Innerhalb der empfangenen und gespeicherten Rohdaten nimmt die Bluetooth Device MAC-Adresse Byte 8 bis Byte 13 ein, wobei diese Adresse von rechts nach links gelesen werden muss (Little-Endian-Byte-Reihenfolge). Die Referenz-RSSI und die am Raspberry Pi gemessene RSSI belegen die letzten beiden Stellen.

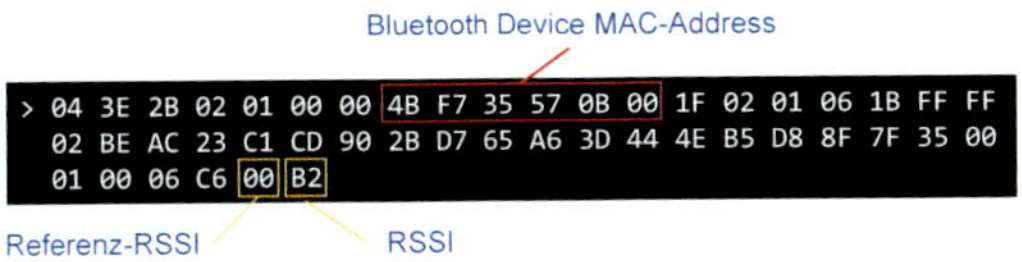

Abbildung 4-11: Beispiel hcidump raw data AltBeacon Advertising Paket (vgl. Wittenbrink 2017)

Messdauer:

Die Dauer eines Messzyklus orientiert sich an der zeitlichen Restriktion zur Erfüllung der Echtzeitfähigkeit. Da für diese Arbeit eine weiche Echtzeitfähigkeit mit einer zeitlichen Frist von 10 Minuten festgelegt wurde, sollte die Messdauer diese Zeitspanne nicht überschreiten. Die Datenerfassung und Speicherung erfolgt solange bis die vorgegebene Messdauer erreicht ist. Anschließend werden die signalLog Dateien von den Raspberry Pis an MATLAB übertragen und für eine erneute Datenaufnahme auf den Raspberry Pis entsprechend bereinigt.

4.3 Einflussgrößen auf das Indoor Echtzeit-Lokalisierungssystem

In diesem Kapitel werden mögliche Einflussgrößen auf des Systemverhalten des Indoor Echtzeit-Lokalisierungssystems ermittelt. Ausgehend von einer Voruntersuchung zu potenziellen Einflussgrößen auf das Systemverhalten, findet anschließend eine Untersuchung ausgewählter Einflussgrößen im Produktionsumfeld der Einzel- und Kleinserienfertigung sowie im Laborumfeld statt. Anhand dieser Untersuchungen wird folgende untergeordnete Forschungsfrage adressiert:

Welche Einflüsse auf das Systemverhalten bestehen für ein Indoor Echtzeit-Lokalisierungssystem auf Basis von Bluetooth Low Energy zur Rückverfolgung von Bauteilen in der Einzel- und Kleinserienfertigung?

Zunächst erfolgt eine systematische Betrachtung potenzieller Einflussgrößen auf das Systemverhalten anhand der einzelnen Module des Indoor Echtzeit-Lokalisierungssystems, der Umwelt des Lokalisierungssystem sowie der Durchführung der Messung (Abbildung 4-12). Hierbei ist anzumerken, dass es eine Vielzahl weiterer potenzieller Einflussgrößen mit geringem Einfluss auf das Systemverhalten gibt und die Auflistung daher keinen Anspruch auf Vollständigkeit besitzt. In dieses Kapitel sind unter anderem Erkenntnisse eingeflossen, welche im Rahmen der Betreuung der Masterarbeiten von Wittenbrink (2017) und Buschmann (2018) und der Bearbeitung des Forschungsprojektes KoSyF (Brecher und Schmitt 2020) gewonnen wurden.

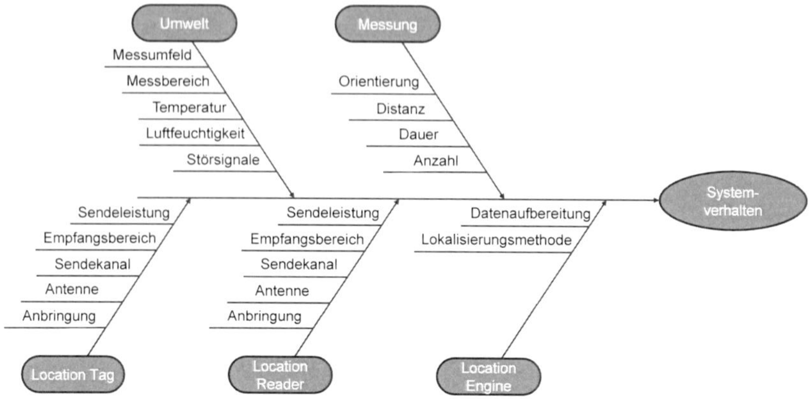

Abbildung 4-12: Potenzielle Einflussgrößen auf das Systemverhalten

Die potenziellen Einflussgrößen auf das Systemverhalten werden nachfolgend im Detail beschrieben und für die weiteren Untersuchungen entsprechend bewertet:

Location Tag: Der Location Tag in Form eines Bluetooth LE Beacons befindet sich an dem zu lokalisierenden Bauteil oder dem dazugehörigen Ladungsträger.

- *Sendeleistung:* Die Sendeleistung eines Bluetooth LE Beacons bestimmt die maximale Stärke des Bluetooth LE Signals und beträgt meistens zwischen -10 dBm und +10 dBm. Über die Firmware des Beacons kann die Sendeleistung in der Regel angepasst werden. Da die Signalstärke mit zunehmender Distanz logarithmisch abfällt, hat die initiale Sendeleistung einen hohen Einfluss auf das Systemverhalten. Bei der in dieser Arbeit verwendeten Hardware ist die Sendeleistung vom Hersteller voreingestellt, weshalb dieser Einflussfaktor nicht weiter untersucht wird.
- *Empfangsbereich:* Der Empfangsbereich bezieht sich auf die maximale und insbesondere minimale empfangbare Signalstärke. Im Falle des als Location Tag für die Voruntersuchungen eingesetzten Bluetooth LE Beacons beträgt der Empfangsbereich +8 dBm bis -92 dBm (Abbildung 4-7). Da der Beacon für die Untersuchungen in dieser Arbeit jedoch ausschließlich im Advertising Modus betrieben wird (Abbildung 3-7), ist der Empfangsbereich des Location Tags für die Untersuchungen in dieser Arbeit nicht weiter relevant.
- *Sendekanal:* Zur Vermeidung von Interferenzen wechselt Bluetooth LE im Advertising Modus zwischen den drei Advertising Kanälen 37 - 39, die über das ISM-Band verteilt sind (Tabelle 3-1). Im Zusammenspiel mit der Antenne variiert die Signalstärke in Abhängigkeit des verwendeten Sendekanals. Hierdurch hat der Sendekanal einen Einfluss auf das Systemverhalten.
- *Antenne:* Die Bauform der Antenne hat einen signifikanten Einfluss auf die Ausbreitung des Signals. Je nach Bauform kann die Signalstärke in Abhängigkeit der Signalrichtung und des Sendekanals stark variieren. Da die Antenne bei der verwendeten Hardware

jedoch nicht einfach getauscht werden kann, findet im weiteren Verlauf der Arbeit keine differenzierte Untersuchung verschiedener Antennenformen statt.

- *Anbringung:* Das Bluetooth Signal kann durch Umgebungseffekte geschwächt oder auch verstärkt werden. Darüber hinaus kann die Stärke des Bluetooth Signals einer Richtungsabhängigkeit unterliegen, welche über die Anbringung indirekt beeinflusst wird.

Location Reader: Der Location Reader in Form eines Raspberry Pis wird stationär an ausgewählten Stellen innerhalb der Produktion montiert. Die Einflussgrößen des Location Readers verhalten sich analog zu den Einflussgrößen des Location Tags.

- *Sendeleistung:* Die Sendeleistung des Raspberry Pi 3 Model B beträgt +8,5 dBm und kann softwareseitig variiert werden. Der Raspberry Pi wird für die Untersuchungen in dieser Arbeit nur im Scanning-Zustand betrieben, wodurch diese Einflussgröße nicht weiter relevant ist.
- *Empfangsbereich:* Der Empfangsbereich des als Location Reader eingesetzten Raspberry Pis liegt zwischen +8,5 dBm bis -97 dBm. Diese Informationen werden zur korrekten Berechnung der RSSI benötigt und haben darüber hinaus indirekt Einfluss auf die maximale Distanz in welcher Bluetooth LE Signale noch detektiert werden können.
- *Sendekanal:* Da der Raspberry Pi nur im Scanning Modus betrieben wird, hat der Sendekanal seitens des Location Readers keinen Einfluss auf die weiteren Untersuchungen in dieser Arbeit.
- *Antenne:* Analog zum Location Tag, hat auch die Antenne des Location Readers in Abhängigkeit der Bauform und Empfangsrichtung des Signals Einfluss auf die gemessene Signalstärke. Da die Antenne bei der verwendeten Hardware jedoch nicht einfach getauscht werden kann, findet im weiteren Verlauf der Arbeit keine Untersuchung verschiedener Antennenformen statt.
- *Anbringung:* Die empfangene Bluetooth Signalstärke kann vergleichbar zum Location Tag ebenfalls durch die Umgebung verstärkt oder geschwächt werden. Unterliegt die Signalstärke einer Richtungsabhängigkeit, wird diese durch die Anbringung ebenfalls beeinflusst.

Location Engine: Die Location Engine hat keinen physikalischen Einfluss auf das Systemverhalten, jedoch letztendlich einen großen Einfluss auf die Lokalisierungsgenauigkeit. Daher wird die Location Engine in diesem Zusammenhang auch betrachtet.

- *Datenaufbereitung*: Die durch die verschiedenen Einflussgrößen verursachten „Störungen“ spiegeln sich im Regelfall in Form von Ausreißern oder Rauschen in den Messdaten wider. Durch eine entsprechende Datenvorverarbeitung können diese „Störungen“ reduziert werden.
- *Lokalisierungsmethode*: Wie in Kapitel 3.3 beschrieben, hat die Lokalisierungsmethode einen entscheidenden Einfluss auf die letztendliche Lokalisierungsgenauigkeit. Hierbei hängt die Eignung der Lokalisierungsmethode wiederum stark von den jeweils gegebenen Rahmenbedingungen ab.

Umwelt: Die Umwelt, in welcher das Indoor Echtzeit-Lokalisierungssystem zum Einsatz kommt, hat ebenfalls Einfluss auf die Signalausbreitung und damit letztendlich die Lokalisierungsgüte. Im Fokus dieser Arbeit steht hierbei die Produktionsumgebung in der Einzel- und Kleinserienfertigung.

- *Messumfeld*: Das Messumfeld bezieht sich auf die Umgebung (z. B. eine Produktionshalle), in welcher das Lokalisierungssystem eingesetzt wird. Je nach Beschaffenheit der Umgebung, kann diese durch Reflektion oder Absorption das Signalverhalten verändern (Frohberg und Bluschke 2008).
- *Messbereich:* Der Messbereich bezieht sich auf den Bereich zwischen Location Tag und Location Reader. Eine Unterbrechung der Sichtverbindung zwischen Sender und Empfänger, beispielsweise durch einen Mitarbeiter, kann zu einer Dämpfung des Bluetooth Signals führen.
- *Temperatur:* Zunehmende Temperaturen haben einen negativen Einfluss auf die Signalausbreitung bzw. die Signalstärke (Luomala und Hakala 2015). Da sich die Temperatur im Produktionsumfeld nur bedingt beeinflussen lässt und in der Regel soweit möglich konstant gehalten wird, wird diese Einflussgröße in dieser Arbeit nicht weiter betrachtet.
- *Luftfeuchtigkeit:* Vergleichbar zur Temperatur hat eine zunehmende Luftfeuchtigkeit einen negativen Einfluss auf die Signalausbreitung bzw. Signalstärke (Luomala und Hakala 2015). Da diese ebenfalls bedingt beeinflusst werden kann und möglichst konstant gehalten wird, wird diese Einflussgröße in dieser Arbeit ebenso nicht weiter betrachtet.
- *Störsignale:* Das Bluetooth LE Signal liegt in dem von vielen Geräten genutzten ISM Band (Gessler und Krause 2015, S. 75). Hierdurch konkurriert Bluetooth mit anderen weit verbreiteten Funkstandards, wie beispielsweise Wi-Fi und bei einer hohen Anzahl an Location Tags letztendlich auch mit sich selbst. Hierdurch besteht ein hohes Potential für Signalstörungen.

Messung: Die Rahmenbedingungen, unter welchen die Messungen der Signalstärke zwischen Location Tag und Location Reader durchgeführt werden, haben ebenfalls einen direkten bzw. indirekten Einfluss auf das Systemverhalten.

- *Orientierung*: Die Ausbreitung des Bluetooth LE Signals bzw. der Signalstärke unterliegt je nach eingesetzter Hardware einer gewissen Richtungsabhängigkeit. Die potenziell mögliche Orientierung zwischen Location Tag und Location Reader wird durch den Messaufbau beeinflusst bzw. festgelegt.
- *Distanz:* Das Bluetooth LE Signal fällt mit zunehmender Distanz logarithmisch ab und ist damit stark von der Distanz abhängig. Die potenzielle minimale und maximale Distanz zwischen Location Tag und Location Reader wird ebenfalls durch den Aufbau der Messung definiert.

- *Dauer:* Da über die Dauer einer Messung verschiedene Störungen auftreten können, hat die Messdauer somit einen indirekten Einfluss auf das Systemverhalten. Eine längere Messdauer bietet eine höhere Gefahr für Beeinflussungen aber auch die Möglichkeit diese zu identifizieren und herauszufiltern.
- *Anzahl:* Neben der Dauer der Messung ist auch die Anzahl der erhobenen Messpunkte relevant, um mögliche Beeinflussungen in den Messdaten zu erkennen und entsprechend zu bereinigen.

Basierend auf der vorangegangenen Bewertung, ergibt sich folgende Auswahl an potenziellen Einflussgrößen mit erhöhter Relevanz für diese Arbeit (Abbildung 4-13). Diese Einflussgrößen werden anhand praktischer Versuche nachfolgend weiter untersucht.

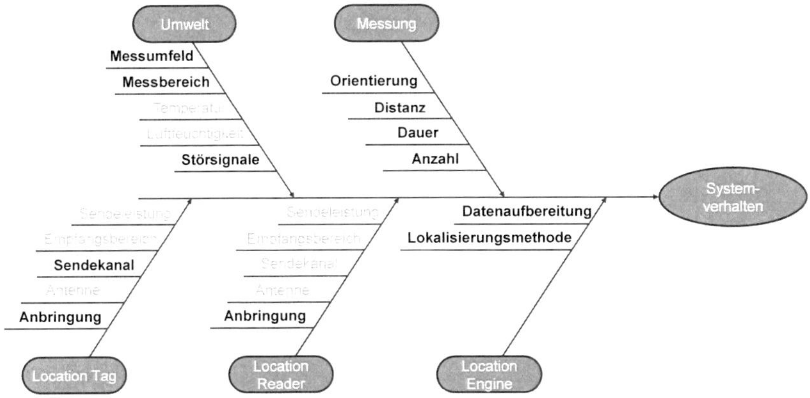

Abbildung 4-13: Relevante Einflussgrößen für weitere Untersuchungen

Im Rahmen der Untersuchungen ist zu berücksichtigen, dass nicht alle Einflussgrößen flexibel variiert werden können. Während die Distanz beispielsweise einfach verändert werden kann, ist die Antenne bei der verwendeten Hardware fest verbaut und kann nicht ohne weiteres getauscht werden.

4.3.1 Voruntersuchung potenzieller Einflussgrößen im Laborumfeld

Nachfolgend werden zunächst die durch den Messaufbau bzw. -vorgang bedingten Einflussgrößen näher untersucht (Abbildung 4-14). Umwelteinflüsse wurden durch optimierte Umgebungsbedingungen versucht zu minimieren und werden daher nicht weiter differenziert betrachtet. Die Sendeleistung des Location Tags wurde konstant gehalten sowie der Sendekanal regelmäßig variiert und die empfangene Signalstärke für die Untersuchungen gemittelt. Die Anbringung von Location Tag und Location Reader wurden ebenfalls optimiert und werden indirekt über Orientierung und Distanz betrachtet.

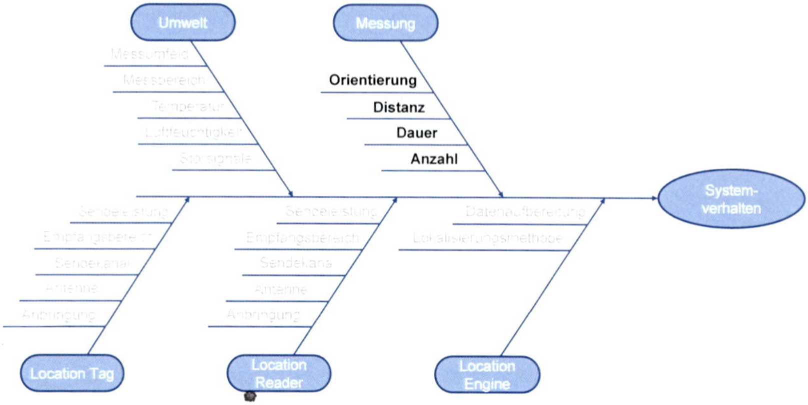

Abbildung 4-14: Auswahl potenzieller Einflussgrößen für Voruntersuchungen

Um ein besseres Verständnis für die Einflussgrößen Orientierung sowie Dauer bzw. Anzahl der erhobenen Messpunkte zu erlangen, wurde ein hierfür geeigneter Messaufbau konzipiert und umgesetzt (Abbildung 4-15).

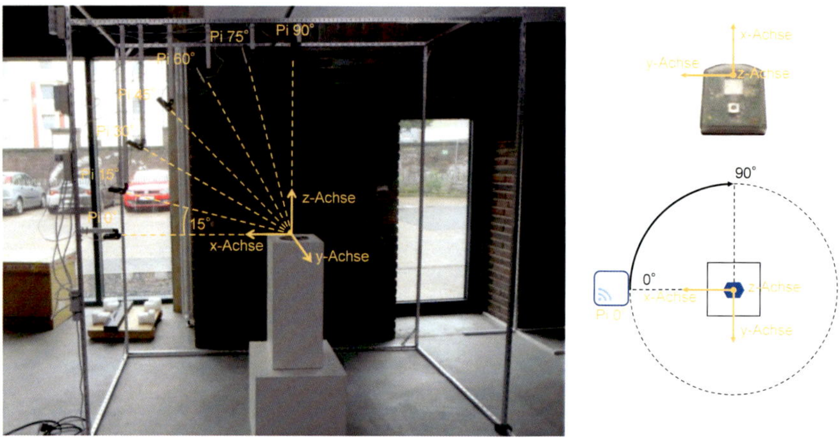

Abbildung 4-15: Messaufbau zur Bestimmung der Referenzsignalstärke (vgl. Wittenbrink 2017)

Mit Hilfe dieses Messaufbaus kann die Referenzsignalstärke (Kapitel 3.3.1) eines Bluetooth LE Beacons im Abstand eines Meters mit unterschiedlichen Orientierungen ermittelt werden. Der Messaufbau besteht aus sieben Raspberry Pis 3 Model B, die mit einer Orientierung von 0° bis 90° auf der xz-Ebene im Abstand von einem Meter zum Zentrum des Messaufbaus angebracht sind. Hierbei wurde darauf geachtet, dass die Antenne des Raspberry Pis immer in derselben Orientierung zum Zentrum zeigt, um potenzielle Einflüsse durch die Orientierung auf Seiten des Location Readers zu minimieren. Der für diese Untersuchung verwendete Bluetooth LE Beacon der Firma ifm (Abbildung 4-7) ist auf einem 1,2 Meter hohen Holzpodest im Zentrum des Messaufbaus positioniert. Der Beacon kann in beliebiger Orientierung zu den Raspberry Pis auf der xy-Ebene positioniert werden. Hierdurch kann die Referenzsignalstärke des Beacons für unterschiedliche Orientierungen erfasst werden. Durch die Gestaltung des Messaufbaus mit möglichst hohem Abstand zu Fußboden und Wänden, sowie einer direkten Sichtverbindung zwischen Bluetooth LE Beacon und Raspberry Pis sollen Umwelteinflüsse möglichst miniert werden. Mit diesem Versuchsaufbau werden nachfolgend zunächst der Einfluss der Messdauer bzw. der Anzahl an Messpunkten untersucht. Nach Ermittlung einer geeigneten Messdauer wird anschließend der Einfluss der Orientierung untersucht.

Messung – Dauer und Anzahl

Zur Ermittlung einer geeigneten Messdauer wurde der Bluetooth LE Beacon (Abbildung 4-15) im Zentrum des Messaufbaus platziert und die Signalstärke zunächst für 300 s gemessen (Abbildung 4-16). Seitens des Bluetooth LE Beacon wurde hierbei eine Referenzsignalstärke von -58 dBm bei einem Meter Abstand eingestellt. Zur Signalglättung wurde der gleitende Mittelwert der Signale berechnet.

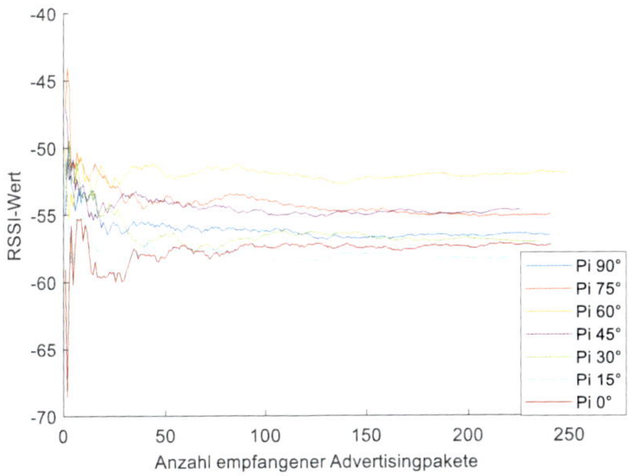

Abbildung 4-16: Gleitender Mittelwert der Referenzsignalstärke bei 0° Drehung (Wittenbrink 2017)

Betrachtet man den gleitenden Mittelwert der Referenzsignalstärke in Relation zur zunehmenden Anzahl an empfangen Advertisingspaketen, so lässt sich eine Stabilisierung der Signalstärke beobachten. Nach ungefähr 150 bis 200 empfangenen Advertisingspaketen scheint sich die Signalstärke überwiegend stabilisiert zu haben. Daher wird für die weiteren Untersuchungen eine Anzahl von mindesten 200 Advertisingspaketen angestrebt. Bei einer durchschnittlichen Anzahl von rund 240 empfangenen Advertisingspaketen in 300 s, wird für 200 Advertisingspakete eine Messdauer von 250 s benötigt. Hierbei ist zu berücksichtigen, dass diese Messdauer lediglich als Orientierungswert zu betrachten ist.

Messung – Orientierung

Um ein besseres Verständnis für die Signalstärke in Abhängigkeit der Orientierung des Location Tags zum Location Reader zu bekommen, wurden weitere Referenzmessungen zunächst mit der ermittelten Messdauer von 250 s durchgeführt. Um ein möglichst genaues Bild der realen Referenzsignalstärke im Verhältnis zur hardwareseitig vorgegebenen Referenzsignalstärke von -58 dBm zu erhalten, wurden mehrere Messungen durchgeführt. Hierbei wurde die Orientierung des Bluetooth LE Beacons zu den Raspberry Pis zwischen den einzelnen Messungen in 15° Schritten von 0° bis 345° gesteigert. In Summe wurden so 24 Einzelmessungen mit jeweils unterschiedlicher Orientierung durchgeführt.

Betrachtet man den Mittelwert der gemessen Referenzsignalstärke des Bluetooth LE Beacons für die unterschiedlichen Orientierungen (Abbildung 4-17), so sind zum Teil deutliche Abweichungen vom eigentlichen Vorgabewert in Höhe von -58 dBm zu erkennen. Die Mittelwerte der einzelnen Messungen sind perspektivisch in Sicht von der Decke auf den Beacon dargestellt und orientieren sich relativ zum Beacon in der Mitte. Zur Unterscheidung der Messpunkte des Raspberry Pi bei 90° sind diese leicht verschoben.

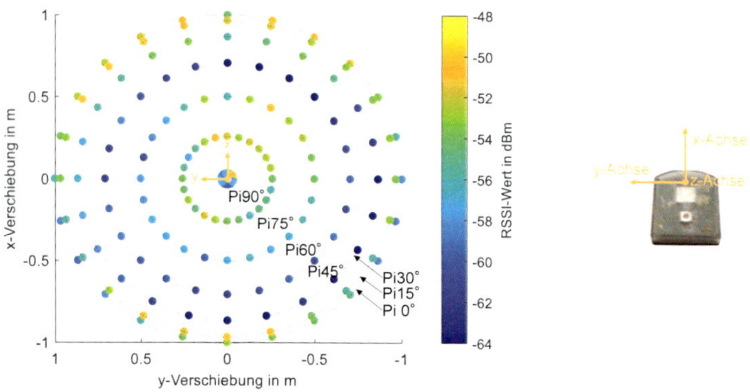

Abbildung 4-17: Auswertung der Referenzsignalstärke (1 m Abstand) (vgl. Wittenbrink 2017)

Stellt man die Messergebnisse räumlich dar (Abbildung 4-18), so erhält man eine Halbkugel. Betrachtet man die mittlere Referenzsignalstärke in Relation zum Vorgabewert in Höhe von -58 dBm, so sind insbesondere bei einer überwiegend horizontalen Signalausbreitung (Raspberry Pi 0° und Pi 15°) erhöhte Abweichungen festzustellen. Als Schlussfolgerung daraus, sollten beim Aufbau des Indoor Echtzeit-Lokalisierungssystems die Location Readers tendenziell immer oberhalb der Location Tags platziert werden, um flache Abstrahlwinkel zu vermeiden.

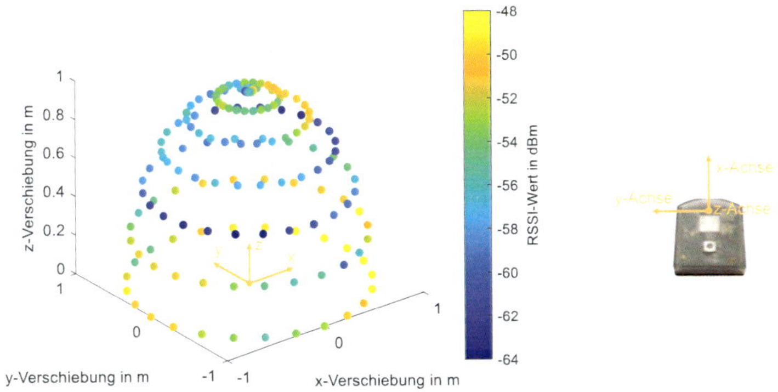

Abbildung 4-18: Sphärische Auswertung der Referenzsignalstärke (1 m Abstand) (vgl. Wittenbrink 2017)

Distanz

Um den Einfluss der Distanz zwischen Location Tag und Location Reader auf die Signalstärke zu untersuchen, wurde ein weiterer Messaufbau entwickelt (Abbildung 3-19). Um die Umgebungseinflüsse möglichst zu minimieren, wurden der Location Tag und die Location Readers auf verstellbaren Stativen in einer Höhe von 2,5 m mit einer direkten Sichtverbindung montiert. Als Location Tag wird erneut der Bluetooth LE Beacon der Firma ifm (Abbildung 4-7) verwendet. Als Location Readers kommen drei Raspberry Pi 3 Model B zum Einsatz, welche mit minimalem Abstand übereinander montiert sind. Hierdurch kann ein Vergleich zwischen den Messergebnissen der einzelnen Raspberry Pis gezogen werden.

Abbildung 4-19: Messaufbau zur distanzabhängigen Signalstärkebestimmung (vgl. Wittenbrink 2017)

Im Rahmen der Messung wurde der Abstand zwischen Location Tag und den Location Readers von 1 m in Schritten von jeweils 0,5 m auf letztendlich 10 m erhöht. Als Ergebnis wurde der von jedem Raspberry Pi gemessene Mittelwert der Signalstärke für eine Messdauer von 250 s abgebildet.

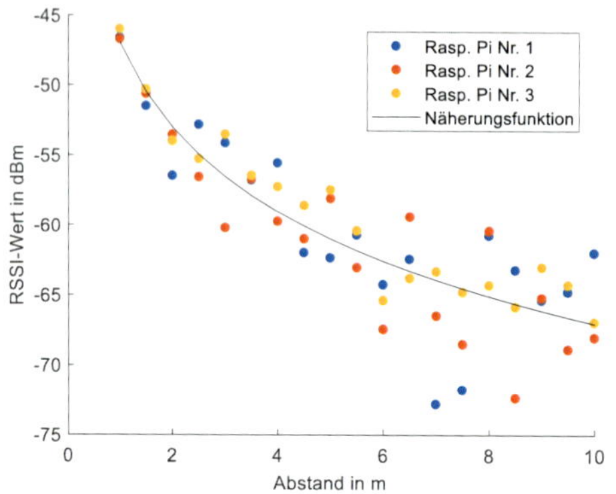

Abbildung 4-20: Signalstärke in Abhängigkeit der Distanz (vgl. Wittenbrink 2017)

Über die Matlab Curve Fitting Toolbox (MathWorks 2017) wurde eine Näherungsfunktion für den Verlauf der Signalstärke basierend auf dem Radio Propagation Model (Kapitel 3.3.1) berechnet. Für die Referenz RSSI bei 1 m Abstand zwischen Sender und Empfänger r_0 und die Konstante zur Berücksichtigung der Abnahme der Signalstärke c wurden folgende Parameter berechnet:

- r_0 = -46,9789 dBm
- c = 2,0058 dBm / $\log_{10}$ m

Betrachtet man die Messergebnisse so fällt auf, dass die Streuung der Signalstärke und die Abweichung von der Näherungsfunktion mit zunehmender Distanz zunimmt. Insbesondere ab einer Distanz von 6 m sind deutliche Abweichungen erkennbar. Ebenso unterscheidet sich die berechnete Referenz RSSI deutlich von dem eigentlichen Vorgabewert in Höhe von -58 dBm. Als Schlussfolgerung sollte als maximale Distanz zwischen Location Tag und Location Reader unter den vorliegenden Rahmenbedingungen eine Distanz von 6 m möglichst nicht überschreiten.

4.3.2 Untersuchung potenzieller Einflussgrößen im Produktionsumfeld

Nachdem ein besseres Verständnis für die Einflussgrößen auf den eigentlichen Messvorgang gewonnen werden konnte, werden unter Berücksichtigung dieser Erkenntnisse weitere Untersuchungen im Produktionsumfeld durchgeführt. Im Untersuchungsfokus (Abbildung 4-21) stehen dabei die Umwelteinflüsse hinsichtlich Messumfeld, Messbereich und Störsignale. Ebenfalls betrachtet wird die Anbringung von Location Tag und Location Reader unter realen Rahmenbedingungen, woraus die Orientierung und Distanz während der Messung abgeleitet werden können. Ebenso wird eine detaillierte Betrachtung der Signalstärke der empfangen Datenpakete durchgeführt, wodurch Rückschlüsse auf die Sendekanäle des Location Tags durchgeführt werden können.

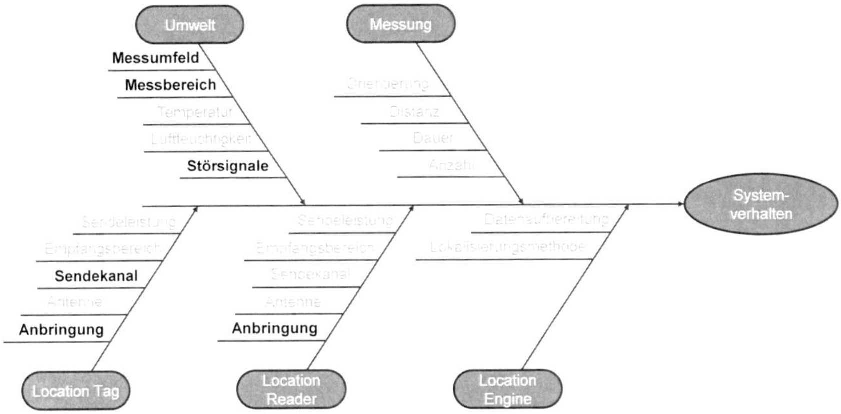

Abbildung 4-21: Auswahl potenzieller Einflussgrößen für Untersuchungen im Produktionsumfeld

Untersuchungsraum

Die Untersuchungen wurden innerhalb einer Einzel- und Kleinserienfertigung zur Herstellung von Werkzeug durchgeführt (Aschenbrenner et al. 2020, S. 121–123). Hierbei wurde das Systemverhalten in einem Bearbeitungsbereich (Abbildung 4-22 | A) und einem Lagerbereich (Abbildung 4-22 | B) untersucht. Um die Anbringung der Location Tags in Form von Bluetooth LE Beacons und Location Readers in Form von Raspberry Pis zu erfassen, wurde ein lokales kartesisches Koordinatensystem definiert. Die Position sowie Orientierung der Bluetooth LE Beacons und der Raspberry Pis wurde in einem Versuchsprotokoll festgehalten (Abbildung 4-23). Hinsichtlich der Orientierung wurden die grundlegende Anbringung z. B. vertikal an einer Wand hängend [V] oder horizontal auf einem Tisch liegend [H] sowie die Verdrehung um die Z-Achse protokolliert.

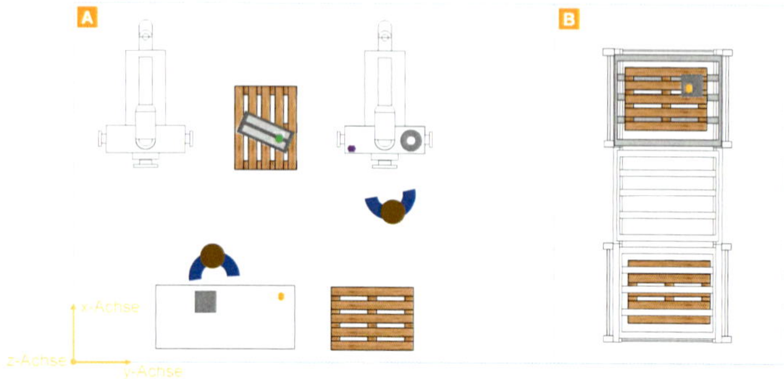

Abbildung 4-22: Untersuchungsszenarios in der Einzel- und Kleinserienfertigung

Messdauer:

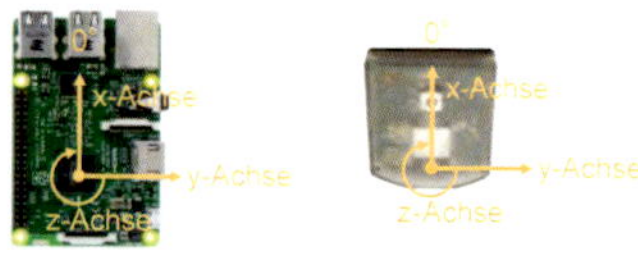

Rasp.	Position			Orient.	Beacon	Position			Orient.
	X	Y	Z	X		X	Y	Z	X
				[H]					[H]
				[V]					[V]

Abbildung 4-23: Versuchsprotokoll (Bildquelle Raspberry Pi: www.farnell.com)

Im Versuchsprotokoll wurde darüber hinaus die Messdauer für jeden einzelnen Versuch erfasst. Auf Grund der potenziell höheren Umwelteinflüsse wurde die Messdauer auf 300s erhöht.

Bearbeitungsbereich

Für die Untersuchungen wurde ein Bereich umgeben von Funkenerodiermaschinen gewählt (Abbildung 4-24) in welchem mit besonders starken elektromagnetischen Störungen zur rechnen ist. Die Bluetooth LE Beacons und Raspberry Pis wurden entsprechend des Versuchsprotokolls im Bearbeitungsbereich platziert (Abbildung 4-25).

Abbildung 4-24: Bearbeitungsbereich (vgl. Aschenbrenner et al. 2020)

Für den Bearbeitungsbereich werden nachfolgend für Bluetooth LE Beacon B1_1 die empfangene Signalstärke an Raspberry Pi R19 (Abbildung 4-26) und Raspberry Pi R22 (Abbildung 4-27) genauer untersucht. Diese Konstellation wurde ausgewählt, um eine direkte Sichtverbindung und kurze Distanz zwischen Location Tag und Location Reader mit einer eingeschränkten Sichtverbindung und erhöhten Distanz zwischen Location Tag und Location Reader zu vergleichen.

Messdauer: ***300s***

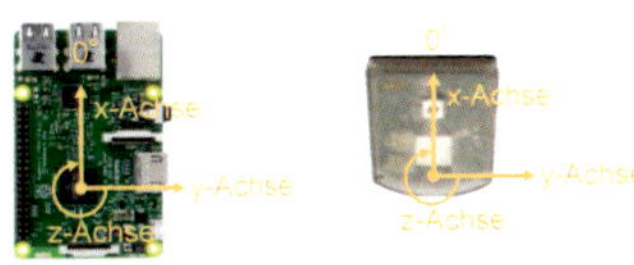

Rasp.	Position [cm]			Orient. [°]	Beacon	Position [cm]			Orient. [°]
	X	Y	Z	X	X	X	Y	Z	X
R18	-300	0	220	0 [V]	B1	-220	-355	75	270 [H]
R19	92	-135	220	0 [V]	B2	-230	-100	88	270 [H]
R20	-485	-265	200	0 [V]	B3	-252	-315	98	180 [H]
R22	-220	-382	200	0 [V]	B4	-252	-315	98	0 [H]
R25	-100	0	220	0 [V]	B5	-230	-100	88	0 [H]
					B6	-230	-100	88	180 [H]
					B1_1	92	-135	88	270 [H]
					B1_3	-132	-745	86	180 [H]
					B1_4	-230	-100	88	90 [H]
					B1_5	-220	-355	75	90 [H]
					B1_6	92	-135	88	90 [H]

Abbildung 4-25: Versuchsplan Bearbeitungsbereich (Bildquelle Raspberry Pi: www.farnell.com)

Hinsichtlich der Einflussgrößen auf das Systemverhalten können folgende Beobachtungen festgehalten werden:

- Umwelt – Messumfeld: Das Messumfeld entspricht einer industriellen Fertigungshalle und ist geprägt von Bearbeitungsmaschinen mit metallischem Gehäuse. Hierdurch kann es verstärkt zu Reflektion des Bluetooth LE Signals kommen.
- Umwelt – Messbereich: Während des normalen Arbeitsbetriebs können sich vorübergehen Mitarbeiter im Messbereich aufhalten. Ebenso ist im Umfeld der Funkenerodiermaschinen trotz Abschirmung mit elektromagnetischen Störfeldern zu rechnen.
- Umwelt – Störsignale: Während der Messungen wurde darauf geachtet, dass keine Mitarbeiter die Sichtverbindung zwischen Location Tag und Location Reader unterbrechen. Die Funkenerodiermaschinen waren während der Messungen jedoch regulär in Betrieb.
- Location Reader – Anbringung: Bei der Anbringung der Location Reader wurde auf die Nutzung bereits vorhandene Infrastruktur geachtet, um die potenziellen Installationskosten für das Indoor Echtzeit-Lokalisierungssystem möglichst niedrig zu halten. Hierbei bieten sich insbesondere die im Umfeld von Produktionsanlagen vorhanden Kabelzuführungen an, welche diese mit Storm- und Netzwerkzugang versorgen (Abbildung 4-24 oben links). Hierdurch ergibt sich für die Raspberry Pi eine Anbringungshöhe von rund zwei Metern. Alternativ können auch Wände oder Stützpfeiler zur Anbringung dienen. Die Raspberry Pis wurden dabei so montiert, dass die integrierte Antenne nach unten zeigt.
- Location Tag – Anbringung: Die Bauteile werden im Regelfall ohne Ladungsträger auf Transportwagen liegend durch die Fertigung transportiert. Daher wurden die Bluetooth LE Beacon analog ebenfalls horizontal auf den Transportwagen oder Arbeitstischen liegend platziert. Hierdurch können sich prinzipiell beliebige Verdrehungen um die z-Achse ergeben. Auf Grund der meist rechtwinkligen Ausrichtung von Maschinen, Arbeitstischen, Transportwagen und Bauteilen zum festgelegten lokalen kartesischen Koordinatensystem wurden die Bluetooth LE Beacons nur in 90°-Schritten verdreht.
- Location Tag – Sendekanal: Die Bluetooth LE Beacons in diesem Versuch senden Datenpakete auf drei Advertising Kanälen, welche über das ISM-Band verteilt sind (Tabelle 3-1). Durch die unterschiedlichen Sendefrequenzen, in Verbindung mit der physikalischen Limitierung der Antenne, kommt es zu Signalstärkeschwankungen, die sich in drei „Signalstärkebändern“ widerspiegeln. Betrachtet man die gemessene Signalstärke von Bluetooth LE Beacon B1_1 an Raspberry Pi R19 (Abbildung 4-26) so lassen sich die drei erwarteten Signalstärkebänder ausmachen. Hieraus lässt sich schlussfolgern, dass bei bestehender Sichtverbindung und begrenztem Abstand Umwelteinflüsse einen begrenzten Einfluss auf das Signal haben. Vergleicht man hierzu die gemessene Signalstärke von Bluetooth LE Beacon B1_1 an Raspberry Pi R22 (Abbildung 4-27), so führen eine eingeschränkte Sichtverbindung sowie erhöhte Distanz zu deutlichen Schwankungen in den noch zu erahnenden Signalbändern.

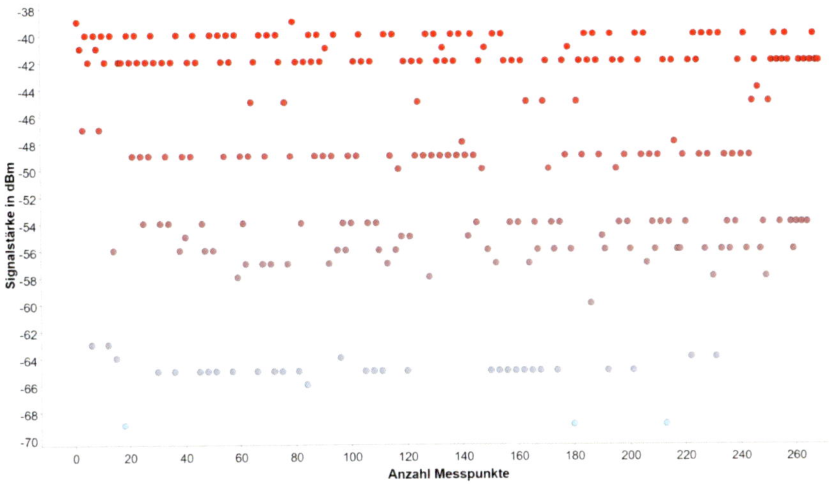

Abbildung 4-26: Gemessene Signalstärke von Bluetooth LE Beacon B1_1 an Raspberry Pi R19

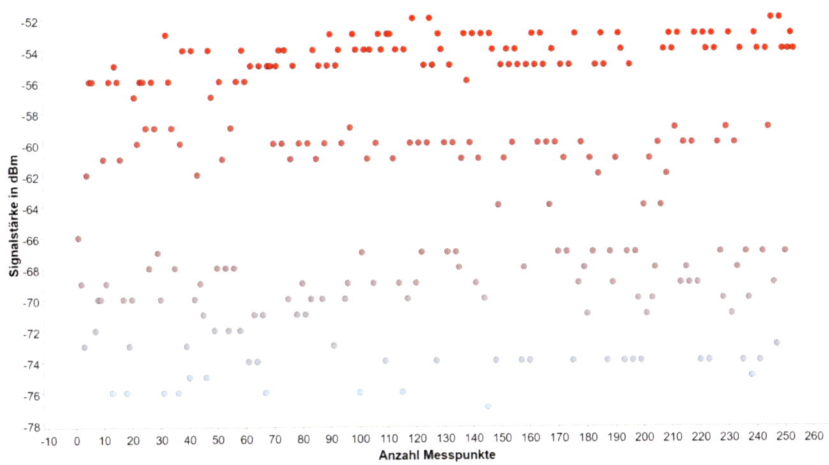

Abbildung 4-27: Gemessene Signalstärke von Bluetooth LE Beacon B1_1 an Raspberry Pi R22

Lagerbereich

Als Lagerbereich wurde ein Bereich mit Stellplätzen und Regalen gewählt, in denen Bauteile auf Ladungsträgern eingelagert werden. Die Bluetooth LE Beacons wurden dabei horizontal auf einem Ladungsträger liegend oder vertikal an der Stirnseite des Ladungsträgers klebend angebracht. Die Raspberry Pis wurden in unterschiedlichen Höhen an den Regalen befestigt (Abbildung 4-28).

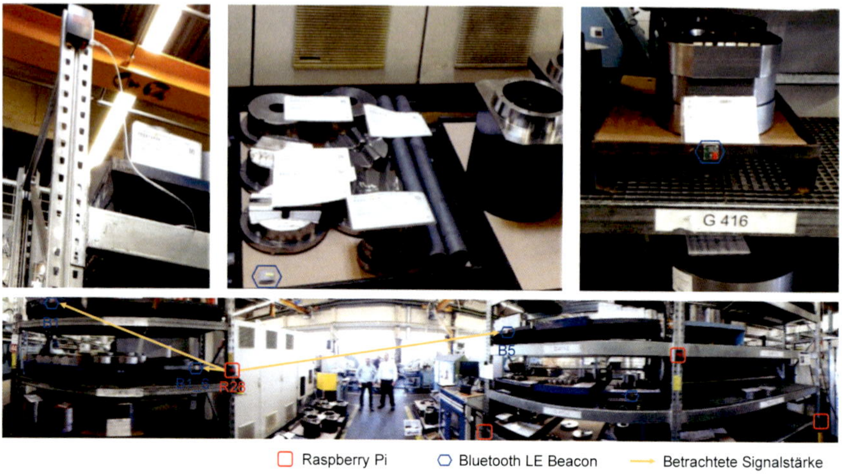

Abbildung 4-28: Lagerbereich (vgl. Aschenbrenner et al. 2020)

Die genaue Platzierung und Orientierung kann dem nachfolgenden Versuchsplan entnommen werden (Abbildung 4-29). Stellvertretend für den Lagerbereich werden die an Raspberry Pi R28 gemessen Signalstärken von den Bluetooth LE Beacon B1_6, B1 und B5 betrachtet. Diese Konstellationen wurden im Hinblick auf unterschiedliche Distanzen, Orientierungen und Einschränkungen des Sichtfelds zwischen Location Reader und Location Tags gewählt.

Messdauer: ***300s***

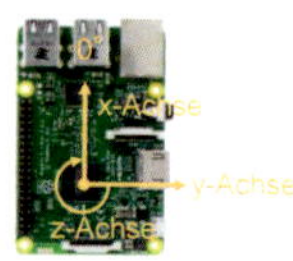

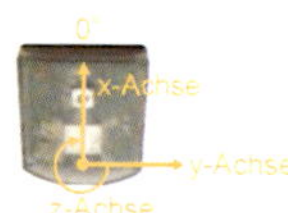

Rasp.	Position [cm]			Orient. [°]	Beacon	Position [cm]			Orient. [°]
	X	Y	Z	X		X	Y	Z	X
R18	440	0	290	0 [V]	B1	275	- 305	216	0 [V]
R19	220	0	168	0 [V]	B2	440	0	120	0 [V]
R20	-260	0	150	0 [V]	B3	220	- 305	96	0 [V]
R21	440	0	53	0 [V]	B4	265	0	137	0 [V]
R22	0	0	290	0 [V]	B5	40	0	196	0 [V]
R24	-200	-360	150	0 [V]	B6	290	0	13	0 [V]
R25	320	-305	244	0 [V]	B1_1	- 255	- 243	47	0 [H]
R26	0	0	53	0 [V]	B1_3	10	- 250	17	0 [H]
R27	320	-305	70	0 [V]	B1_4	327	0	259	0 [V]
R28	100	-305	150	0 [V]	B1_5	220	- 305	13	0 [V]
					B1_6	135	- 305	156	0 [V]

Abbildung 4-29: Versuchsplan Lagerbereich (Bildquelle Raspberry Pi: www.farnell.com)

Für die Einflussgrößen auf das Systemverhalten im Lagerbereich können folgende grundlegenden Beobachtungen festgehalten werden:

- Umwelt – Messumfeld: Das Messumfeld ist geprägt von Regalen und Maschinenrückwänden aus Metall. Hierdurch besteht eine hohe Wahrscheinlichkeit für Reflektionen des Bluetooth LE Signals.
- Umwelt – Messbereich: Zum Teil ist die Sichtverbindung zwischen einzelnen Location Tags und Location Readers eingeschränkt. Darüber hinaus verläuft ein Weg durch den Lagerbereich, wodurch Mitarbeiter und Betriebsmittel wie z. B. Gabelstapler zur Unterbrechung von Signalen führen können.
- Umwelt – Störsignale: Es wurde darauf geachtet, dass sich zum Zeitpunkt der Messung keine Mitarbeiter oder Betriebsmittel auf dem Weg befanden bzw. die Sichtverbindung zwischen Location Tags und Location Readers zusätzlich einschränkten.
- Location Reader – Anbringung: Die Raspberry Pis wurden analog zum Bearbeitungsbereich an der bereits vorhandenen Infrastruktur in Form der Regale angebracht. Dabei wurden unterschiedliche Höhen gewählt, um theoretisch eine Verortung der Ladungsträger in den Regalen zu ermöglichen.
- Location Tag – Anbringung: Die Bluetooth LE Beacons wurden horizontal auf den Ladungsträgern liegend und vertikal an der Stirnseite des Ladungsträgers klebend befestigt, sodass diese für den Mitarbeiter gut sichtbar sind.
- Location Tag – Sendekanal: Betrachtet man die empfangene Signalstärke für Messungen entlang der Stirnseite eines Regals, so sind bei kurzen Distanzen zwischen Bluetooth LE Beacon und Raspberry Pi (Abbildung 4-30) klare Signalstärkebänder zu erkennen, wohingegen es bei größeren Distanzen zu starken Schwankungen in der Signalstärke kommt (Abbildung 4-31). Betrachtet man hingegen den Signalstärkeverlauf bei vergleichbar großer Distanz und unbeeinträchtigter Sichtverbindung, so ist eine deutliche Abnahme der Signalschwankungen zu erkennen (Abbildung 4-32).

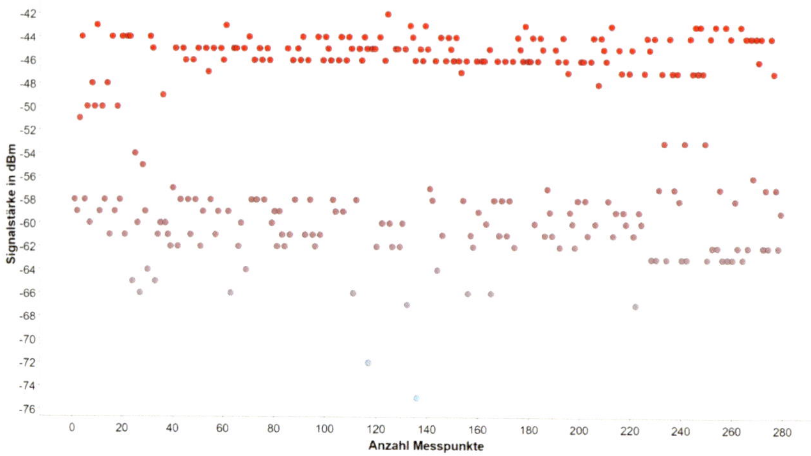

Abbildung 4-30: Gemessene Signalstärke von Bluetooth LE Beacon B1_6 an Raspberry Pi R28

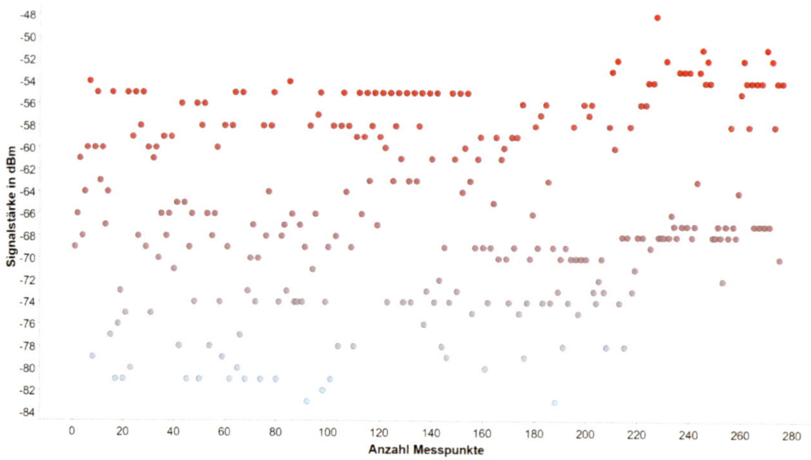

Abbildung 4-31: Gemessene Signalstärke von Bluetooth LE Beacon B1 an Raspberry Pi R28

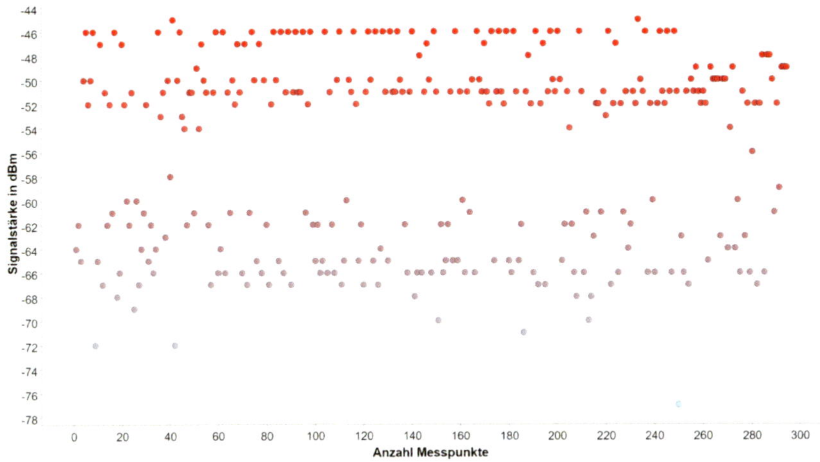

Abbildung 4-32: Gemessene Signalstärke von Bluetooth LE Beacon B5 an Raspberry Pi R28

4.3.3 Untersuchung potenzieller Einflussgrößen im Laborumfeld

Um die Beobachtungen hinsichtlich der Einflussgrößen im Produktionsumfeld zu verifizieren, wurden erneute Untersuchungen im Laborumfeld durchgeführt. Hierzu wurden die zuvor im Produktionsumfeld untersuchten Einflussgrößen durch verschiedene Versuche im Detail betrachtet. Darüber hinaus wurden dieses Mal auch Orientierung und Distanz zwischen Location Tag und Location Reader explizit betrachtet (Abbildung 4-33).

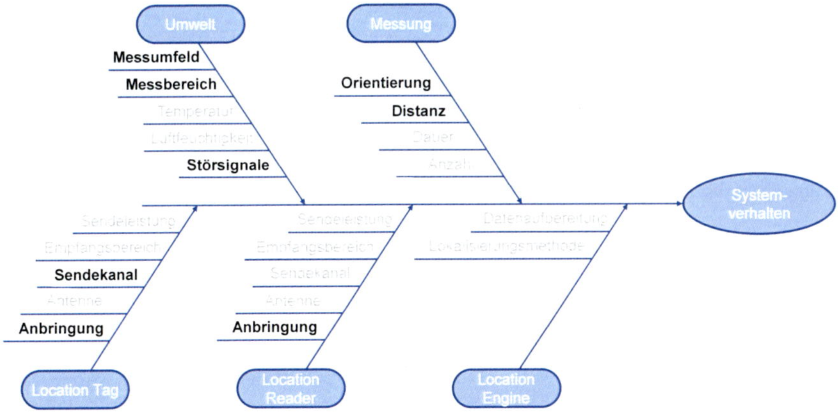

Abbildung 4-33: Auswahl potenzieller Einflussgrößen für Untersuchungen im Laborumfeld

Location Reader und Location Tag – Anbringung

Der Versuchsaufbau besteht aus vier Messtürmen (Abbildung 4-34), an welchen jeweils zwei Raspberry Pis in einer Höhe von 1,2 m und 2,2 m angebracht wurden. Die Höhe der oberen [O] Raspberry Pis wurde vergleichbar zu der Höhe der vorhanden Kabelzuführungen in der Produktion gewählt. Die Höhe der unteren [U] Raspberry Pis wurde knapp über der Höhe eines Arbeitstisches in der Produktion festgelegt, um die Distanz zwischen Location Tag und Location Reader zu minimieren. Die Bluetooth LE Beacons wurden vergleichbar zum Produktionsumfeld horizontal liegend auf einem hölzernen Würfel in der Mitte des Versuchsaufbaus platziert.

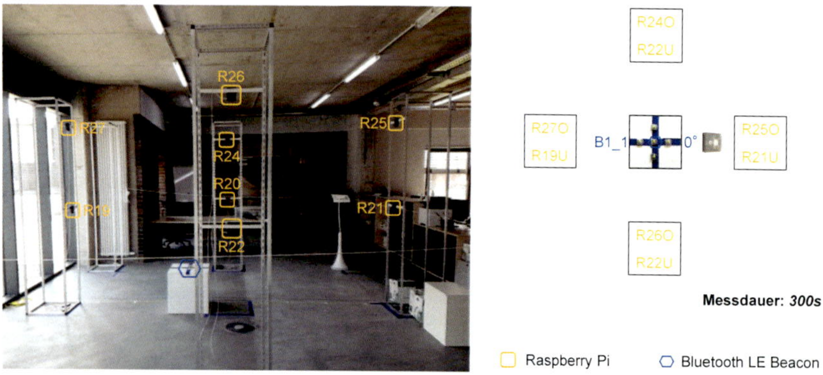

Abbildung 4-34: Versuchsaufbau Laborumfeld (vgl. Buschmann 2018)

Messung – Distanz, Orientierung und Dauer

Die Distanz und Orientierung zwischen Location Tags und Location Readers ergibt sich indirekt aus der Anbringung. Die relevanten Details zu Positionierung, Orientierung und Messdauer wurden für eine vereinfachte Darstellung aus dem Versuchsprotokoll in die jeweilige Skizze des Versuchsaufbaus überführt. Um eine Vergleichbarkeit zu den Versuchen in der Produktionsumgebung zu gewährleisten, wurde die Messdauer auf 300 s angesetzt.

Referenz RSSI

Unter Berücksichtigung der Anbringung von Location Tag und Location Reader unter realen Umständen (Abbildung 4-35), wurde zur bessern Beurteilung der Ergebnisse zunächst noch einmal die Referenzsignalstärke bei einem Meter Distanz erhoben.

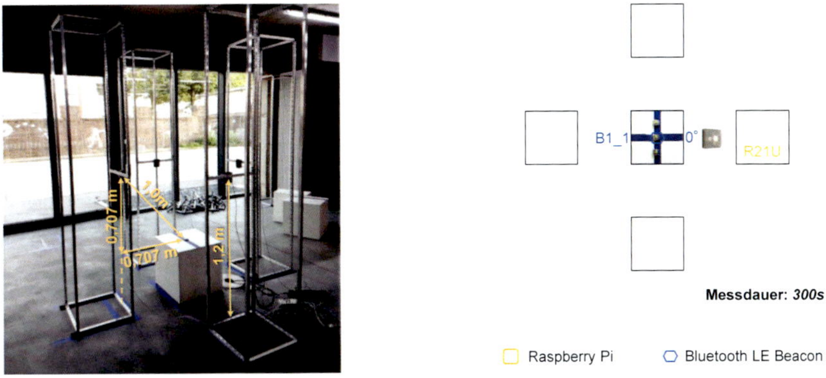

Abbildung 4-35: Versuchsaufbau Referenz RSSI und Störsignale (vgl. Buschmann 2018)

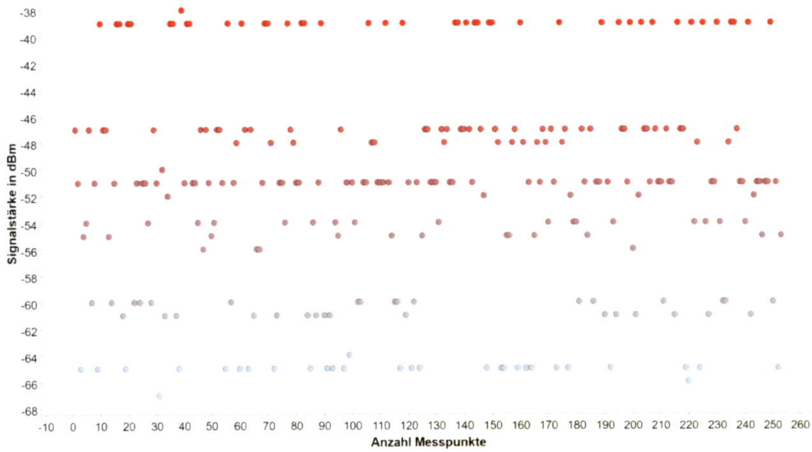

Abbildung 4-36: Referenzsignalstärke bei 1 Meter Distanz

Herstellerseitig wird die Referenzsignalstärke in einem Meter Abstand mit -58 dBm angegeben. Unter diesen Rahmenbedingungen ergibt sich jedoch eine durchschnittlich gemessene Signalstärke von rund -52 dBm bei einem Meter Abstand. Bei detaillierter Betrachtung ist zu erkennen, dass mehrere sehr deutliche und konstante Signalstärkebänder entsprechend der verschiedenen Advertising Kanäle bzw. Sendefrequenzen zu erkennen sind (Abbildung 4-36).

Umwelt – Störsignale

Neben der Referenzsignalstärke in einem Meter Abstand wurde über diesen Versuchsaufbau (Abbildung 4-37) auch die potenzielle Störung des Signalverhaltens durch mehrere Bluetooth LE Beacons auf einer Stelle untersucht. Hierzu wurde stufenweise die Anzahl der Bluetooth

LE Beacons von einem auf elf Beacons erhöht und jeweils die Signalstärke des ersten Beacons in unmittelbarer Gegenwart der weiteren Beacons als Boxplot dargestellt. Der Boxplot für den ersten Beacon entspricht hierbei der vorher im Detail dargestellten Referenzsignalstärke bei einem Meter Distanz (Abbildung 4-36).

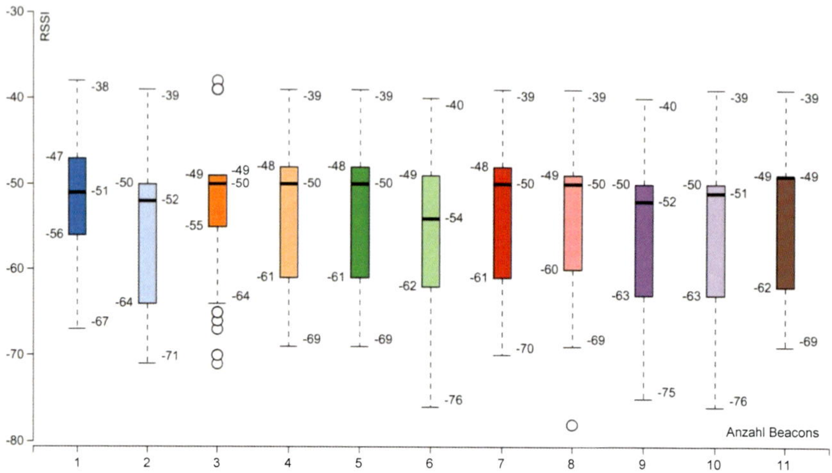

Abbildung 4-37: Boxplot Referenzsignalstärke bei 1 Meter Abstand in Gegenwart mehrerer Beacons

Betrachtet man die maximale empfangene Signalstärke (oberer Whisker) unter Einbeziehung etwaiger Ausreißer (Abbildung 4-37 – Boxplot für 3 Beacons), so bewegt sich diese sehr stabil im Bereich von -38 dBm bis -40 dBm. Ebenso der Median schwankt nur leicht zwischen -49 dBm und -54 dBm. Lediglich die minimal empfangene Signalstärke (unter Whisker) unterliegt stärkeren Schwankungen. Berücksichtigt man die Verteilung der Referenzsignalstärke in einem Meter Distanz (Abbildung 4-36), so sind im unteren Signalstärkebereich generell stärkere Schwankungen festzustellen. Daher kann geschlussfolgert werden, dass es durch eine höhere Anzahl an Bluetooth LE Beacons in unmittelbarem Umfeld zueinander, zu keiner nennenswerten gegenseitigen Beeinträchtigung der Signalstärke kommt.

Messung – Distanz und Orientierung

Im Rahmen der Voruntersuchungen wurden die Einflüsse von Orientierung und Distanz auf das Systemverhalten unabhängig voneinander untersucht. In diesem Versuchsaufbau sollen nun unter realitätsnahen Rahmenbedingungen die Auswirkungen beider Einflussgrößen auf das Systemverhalten untersucht werden.

Abbildung 4-38: Versuchsaufbau zur distanzabhängigen Signalstärkebestimmung (vgl. Buschmann 2018)

Hierzu wird die Distanz zwischen dem Messturm mit den Raspberry Pis (R27 und R19) und dem hölzernen Würfel mit dem Bluetooth LE Beacon (B1_1) in Schritten von 0,5 m erhöht. Daraus folgt eine entsprechende Anpassung der absoluten Distanz und Orientierung zwischen Location Tag und Location Reader.

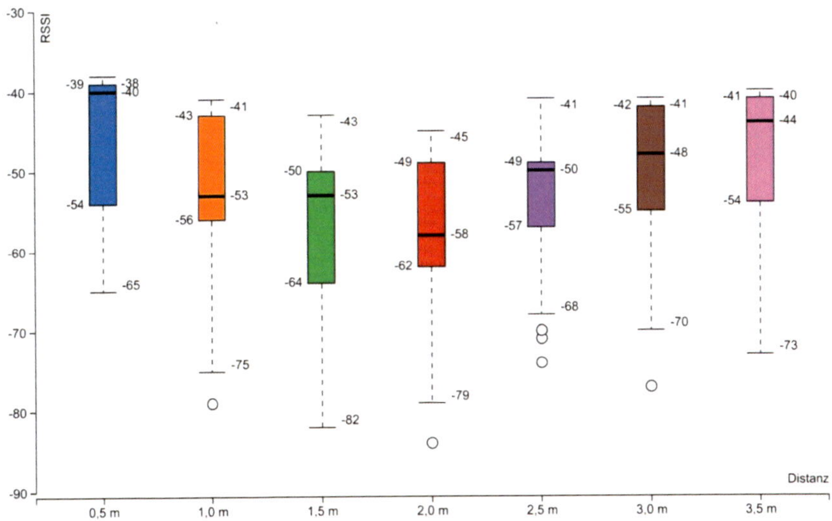

Abbildung 4-39: Boxplot der Signalstärkenmessung Raspberry Pi R19 auf 1,2 m Höhe

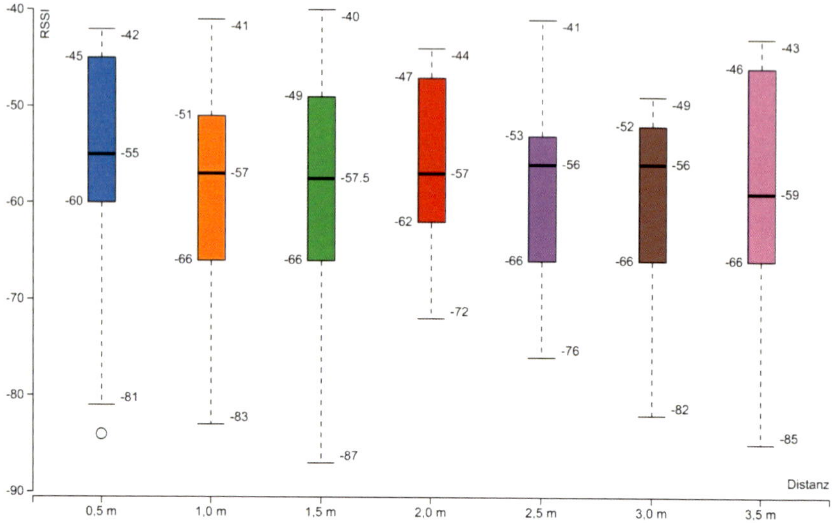

Abbildung 4-40: Boxplot der Signalstärkenmessung Raspberry Pi R27 auf 2,2 m Höhe

Basierend auf den Vorversuchen würde man mit zunehmender Distanz zwischen Location Tag und Location Receiver eine logarithmische Abnahme der Signalstärke erwarten (Abbildung 4-20). Dieses Signalverhalten ist jedoch weder für die Signalstärkenmessung auf 1,2 m Höhe (Abbildung 4-39) noch für die Signalstärkenmessung auf 2,2 m Höhe zu beobachten. Mit zunehmender Distanz nimmt die Signalstärke augenscheinlich wieder zu, was auf Wechselwirkungen zwischen Distanz und Orientierung zwischen Sender und Empfänger zurückzuführen ist.

Umwelt – Messbereich und Messumfeld

Bei den Untersuchen im Produktionsumfeld wurden Schwankungen der gemessen Signalstärke auf Grund von Signalreflektionen an metallischen Oberflächen im Messbereich als auch im Messumfeld vermutet. Diese als Mehrwegempfang bekannte Phänomen soll durch den nachfolgend dargestellten Versuchsaufbau näher untersucht werden (Abbildung 4-41).

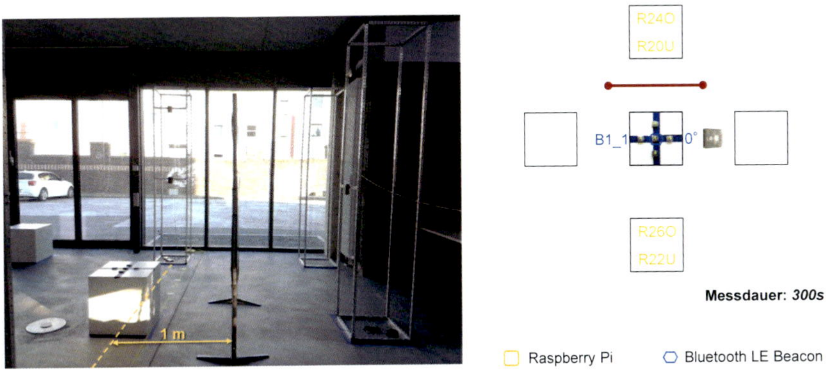

Abbildung 4-41: Versuchsaufbau Mehrwegempfang (vgl. Buschmann 2018)

Hierzu wurde nach der Hälfte der Messdauer eine mit Aluminiumfolie umwickelte Metaplanwand in den Messbereich eingebracht. Dadurch wird auf der einen Seite des Messaufbaus eine Blockade der Sichtverbindung zwischen Location Tag und Location Readers herbeigeführt und für die andere Seite des Messaufbaus eine reflektierende Rückwand geschaffen.

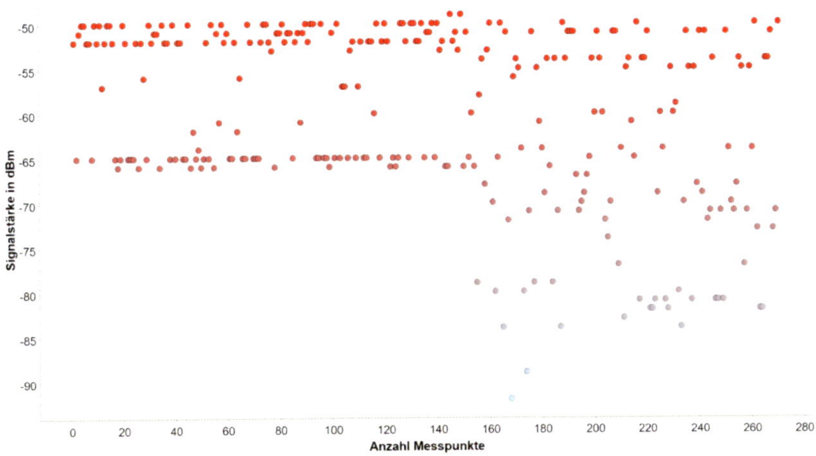

Abbildung 4-42: Signalstärkenmessung von Raspberry Pi R20 auf 1,2 m Höhe mit unterbrochener Sichtverbindung

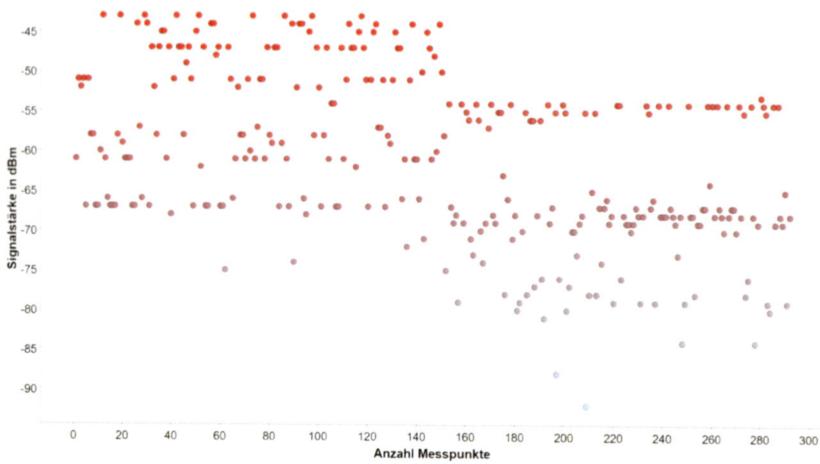

Abbildung 4-43: Signalstärkenmessung von Raspberry Pi R24 auf 2,2 m Höhe mit unterbrochener Sichtverbindung

Betrachtet man die Signalstärkenänderung bei unterbrochener Sichtverbindung so sind deutliche Signalsprünge und Störungen zu beobachten, welche einen signalstärkebasierte Distanzbestimmung erschwert bzw. deutlich verfälscht (Abbildung 4-42 und Abbildung 4-43).

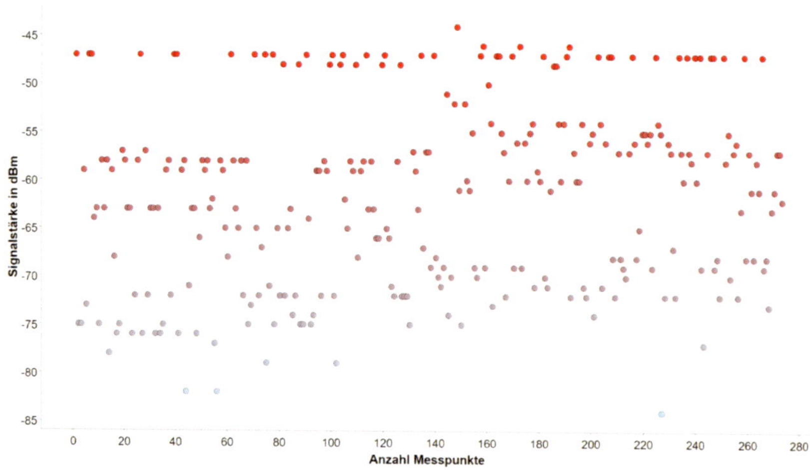

Abbildung 4-44: Signalstärkenmessung von Raspberry Pi R22 auf 1,2 m Höhe mit reflektierender Rückwand

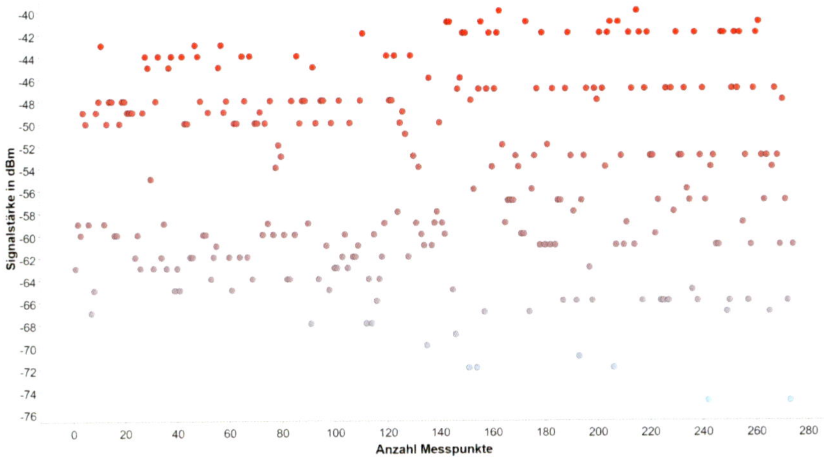

Abbildung 4-45: Signalstärkenmessung von Raspberry Pi R26 auf 2,2 m Höhe mit reflektierender Rückwand

Bei Einbringung einer reflektierenden Rückwand fällt die Zunahme der Signalstärkeschwankung geringer aus. Insbesondere die Signalstärkebänder im Bereich von -40 dBm bis -50 dBm sind immer noch deutlich zu erkennen (Abbildung 4-44 und Abbildung 4-45). Hieraus lässt sich schlussfolgern, dass eine signalstärkebasierte Distanzbestimmung unter diesen Umständen immer noch möglich ist.

4.4 Leistungsfähigkeit des Indoor Echtzeit-Lokalisierungssystems

In diesem Kapitel wird die Leistungsfähigkeit eines Indoor Echtzeit-Lokalisierungssystems basierend auf Bluetooth LE untersucht. Unter Berücksichtigung der bisherigen Erkenntnisse über die Einflussgrößen auf das Systemverhalten, wird zunächst eine geeignete Lokalisierungsmethode für das Indoor Echtzeit-Lokalisierungssystem ausgewählt. Zu Untersuchung der Leistungsfähigkeit wird anschießend ein geeigneter Testdatensatz erhoben, auf welchen die Lokalisierungsmethode angewendet wird. Abschließend werden die Ergebnisse der Untersuchung ausgewertet, um folgende untergeordnete Forschungsfrage zu beantworten:

Wie hoch ist die Leistungsfähigkeit eines Indoor Echtzeit-Lokalisierungssystems auf Basis von Bluetooth Low Energy zur Rückverfolgung von Bauteilen in der Einzel- und Kleinserienfertigung?

Ebenso werden in diesem Kapitel die bis dato noch nicht betrachtete Einflüsse der Location Engine auf das Systemverhalten untersucht (Abbildung 4-46). Hierzu gehören neben der Anwendung der Lokalisierungsmethode auch die vorgelagerte Aufbereitung der Rohdaten. Die nachfolgend in diesem Kapitel vorgestellten Erkenntnisse, wurden unter anderem im Rahmen der Betreuung der Masterarbeit von Jongebloed (2019) gewonnen.

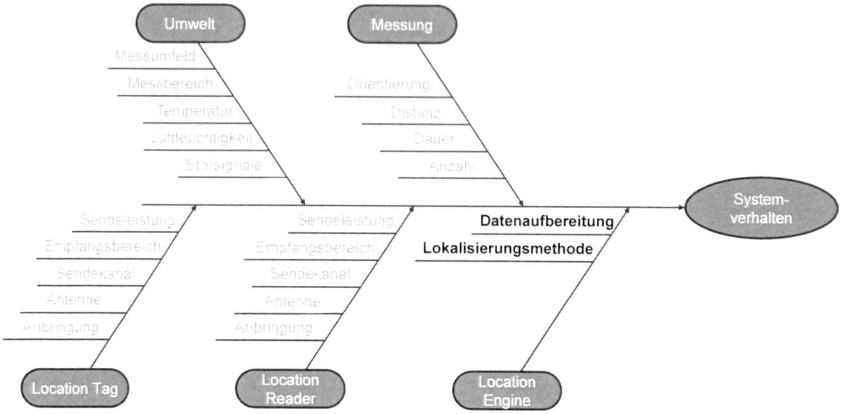

Abbildung 4-46: Von der Location Engine abhängige Einflussgrößen

4.4.1 Festlegung der Lokalisierungsmethode

Die vorherigen Untersuchungen der Einflussgrößen auf das Systemverhalten haben gezeigt, dass bei einer Anbringung von Location Tag und Location Reader unter realen Bedingungen sowohl Wechselwirkungen zwischen Distanz und Orientierung als auch Störungen im Messumfeld und -bereich zu einer deutlichen Beeinträchtigung der Signalstärke führen können. Hierdurch reduzierte sich die Auswahl potenziell geeigneter Lokalisierungsmethoden auf das Fingerprinting (Kapitel 3.3.5), welches auch unter diesen Rahmenbedingungen eine gute Leistungsfähigkeit verspricht. Unter den gängigen Ansätzen des Fingerprintings zeichnen sich künstliche neuronale Netze dadurch aus, dass sie auch Korrelation bei verrauschten Messwerten herstellen können (Altini et al. 2010). Daher wurde entschieden, in dieser Arbeit den Ansatz künstlicher neuronaler Netze weiter zu verfolgen.

Die ersten mathematischen Modelle künstlicher neuronaler Netze wurden in den 1940er von McCulloch, Pitts and Hebb entworfen und basierend auf Erkenntnissen aus den Neurowissenschaften. Anwendbar wurden künstliche neuronale Netze erst durch geeignete Computer und Programmiersprachen, welche zusammen erstmals im Jahre 1956 auf der Dartmouth Konferenz vorgestellt wurden. (Ertel 2017, S. 5–11)

In der Zwischenzeit wurde eine große Vielzahl an künstlichen neuronalen Netzen mit unterschiedlicher Netzwerkarchitekturen entwickelt (van Veen und Leijnen 2019). Die Netzwerkarchitektur beschreibt wie die Neuronen eines künstlichen neuronalen Netzes angeordnet bzw. miteinander verbunden sind. Basierend auf einer Betrachtung verschiedener künstlicher neuronaler Netze wurden Multilayer Perceptron (MLP) und probabilistische neuronale Netze (PNN) auf Grund vielseitiger Anwendbarkeit als besonders vielversprechende künstliche neuronaler Netze zur Lösung der gegeben Anforderungen in dieser Arbeit identifiziert (Elser et al. 2021; Hashemi Fath et al. 2020). Daher werden diese künstlichen neuronalen Netze nachfolgend im Detail betrachtet.

Multilayer-Perceptron

Das Multilayer Perceptron (MLP) besteht aus einer Vielzahl an Neuronen die in mehreren Schichten (engl. layers) angeordnet sind (van Veen und Leijnen 2019; Rosenblatt 1958). Ein Neuron (Abbildung 4-47) besteht aus einem Eingangsvektor (engl. Input-Vector) aus welchem über die Propagierungsfunktion (engl. propagation function) die gewichtete Summe aller Eingänge berechnet wird. Über die Anwendung der Aktivierungsfunktion auf das Ergebnis wird anschließend die Ausgabe des Neurons (engl. Output) berechnet. (Ertel 2017, S. 247–249)

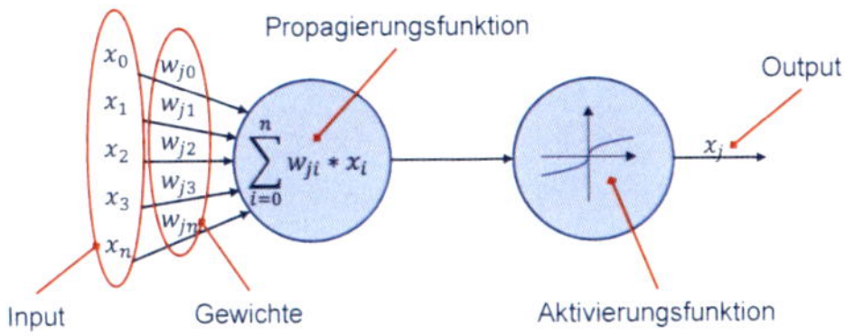

Abbildung 4-47: Skizze eines künstlichen Neurons (Jongebloed 2019; Ertel 2017, S. 247–249)

Die Aktivierungsfunktion definiert einen Schwellwert Θ ab dem das Neuron – analog zum biologischen Neuron – feuert. Hierfür kann beispielsweise die Sigmoid-Funktion (Gl. 4-1) angewendet werden (Ertel 2017, S. 249).

$$f(x) = \frac{1}{1 + e^{-\frac{x-\Theta}{T}}} \qquad \text{Gl. 4-1}$$

In der Nähe des kritischen Bereichs um die Schwelle Θ verhält sich diese Funktion nahezu linear und hat einen asymptotischen Grenzwert. Die Glättung kann durch den Parameter T variiert werden. Im Grenzfall für T→0 ergibt sich die Stufenfunktion. (Ertel 2017, S. 249)

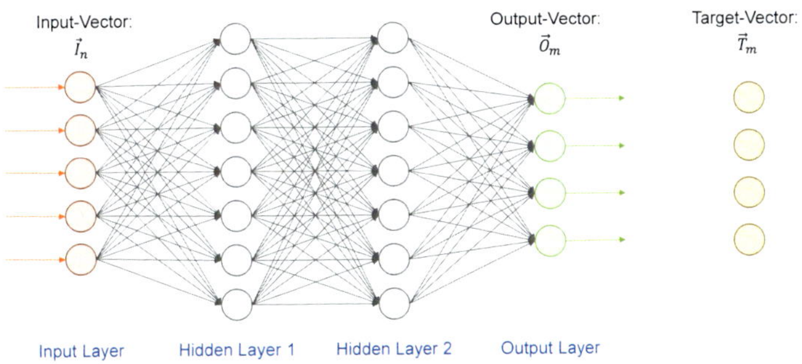

Abbildung 4-48: Aufbau eines Multilayer Perceptrons (Elser et al. 2021; Hashemi Fath et al. 2020; Jongebloed 2019; Ertel 2017, S. 270)

Das Multilayer Perceptron (Abbildung 4-48) besteht aus einer Eingabeschicht (engl. Input Layer), mindestens einer verdeckten Schicht (engl. Hidden Layer) sowie einer Ausgabeschicht (engl. Output Layer). Die Neuronen der einzelnen Schichten sind dabei vorwärtsgerichtet und vollständig miteinander verknüpft. (Hashemi Fath et al. 2020)

Zur Durchführung von Fingerprinting mit einem MLP, muss das künstliche neuronale Netz zunächst trainiert werden. In dieser Arbeit wird für das Training eine weiterentwickelte Version des Backpropagation Algorithmus – der RProp Algorithmus (Riedmiller und Braun 1993) – eingesetzt. Beide Algorithmen werden nachfolgend im Detail beschrieben.

Auf Grund seiner universellen Einsetzbarkeit auf beliebige Approximationsaufgaben, kommen der Backpropagation-Algorithmus in Verbindung mit MLP sehr häufig zur Anwendung. Der Algorithmus basiert auf der inkrementellen Delta-Regel. Im Gegensatz zur Deltaregel verwendet der Algorithmus als Aktivierungsfunktion eine nichtlineare Sigmoid-Funktion auf die gewichtete Summe der Eingabewerte an. Außerdem kann ein Backpropagation-Algorithmus auf künstliche neuronale Netze mit mehr als zwei Schichten von Neuronen angewendet werden. (Ertel 2017, S. 269)

Abgesehen von den Neuronen der Eingabeschicht, berechnen alle Neuronen ihren Wert nach der folgenden Formel (Ertel 2017, S. 269)

$$x_j = f\left(\sum_{i=1}^{n} w_{ij} * x_i\right) \qquad \text{Gl. 4-2}$$

Wobei n die Anzahl der Neuronen in der vorherigen Schicht ist. Unter Verwendung der Sigmoid-Funktion $(\Theta = 0 \,\&\, \mathrm{T} = 1)$ (Ertel 2017, S. 269):

$$f(x) = \frac{1}{1 + e^{-x}} \qquad \text{Gl. 4-3}$$

Zu Trainingsbeginn wird das künstliche neuronale Netz mit zufälligen Gewichtungen w_{ji} initialisiert. Dann wird ein Trainingsdatenset, bestehend aus Eingangsdaten (engl. Input-Vector) $\vec{I}_n$ und Zieldaten (engl. Target-Vector) $\vec{T}_m$ auf das künstliche neuronale Netz angewendet (Abbildung 4-48). Danach werden die Ergebnisdaten (engl. Output-Vector) $\vec{O}_m$ und die Zieldaten anhand des quadratischen Fehlers miteinander verglichen. Anschließend werden die Gewichte analog zur inkrementellen Delta-Regel proportional zum negativen Gradienten der quadratischen Fehlerfunktion summiert über die Ausgangsneuronen

$$E_p(w) = \frac{1}{2} \sum_{k \in Output} (t_k^p - x_k^p)^2 \qquad \text{Gl. 4-4}$$

für das Trainingsset p geändert (Ertel 2017, S. 269–270):

$$\Delta_p w_{ji} = -\eta \frac{\partial E_p}{\partial w_{ij}} \qquad \text{Gl. 4-5}$$

Zur Herleitung der Lernregel wird zunächst E_p aus Gl. 4-5 durch E_p aus Gl. 4-4 und anschließend x_k aus Gl. 4-4 durch x_j aus Gl. 4-2 ersetzt. Durch mehrfache Anwendung der Kettenregel erhält man die Backpropagation-Lernregel, die auch als verallgemeinerte Deltaregel bezeichnet wird. (Ertel 2017, S. 269–270)

$$\Delta_p w_{ji} = \eta \delta_j^p x_i^p, mit\ \delta_j^p = \begin{cases} x_j^p\left(1 - x_j^p\right)\left(t_j^p - x_j^p\right) & falls\ j\ ein\ Ausgabeneuron\ ist \\ x_j^p\left(1 - x_j^p\right)\sum_k \delta_k^p w_{kj} & falls\ j\ ein\ verdecktes\ Neuron\ ist \end{cases} \quad \text{Gl. 4-6}$$

Für alle Neuronen enthält die Formel zur Anpassung des Gewichts w_{ij} von Neuron i zu Neuron j einen Term $\eta x_i^p x_j^p$ entsprechend der Hebb-Regel: Besteht eine Verbindung w_{ij} zwischen Neuron j und Neuron i und werden wiederholte Signale von Neuron j zu Neuron i gesendet, was dazu führt das beide Neuronen gleichzeitig aktiv sind, dann wird das Gewicht w_{ij}verstärkt. Eine mögliche Formel für die Gewichtsänderung Δw_{ji} ist nachfolgend dargestellt (Gl. 4-7). Die Konstanten η (Lernrate) bestimmt die Größe der einzelnen Lernschritte. (Ertel 2017, S. 249–270)

$$\Delta w_{ji} = \eta x_j x_i \quad \text{Gl. 4-7}$$

Der neue Faktor $\left(1 - x_j^p\right)$ in Gl. 4-6 schafft die in der Hebb-Regel fehlende Symmetrie zwischen den Aktivierungen 0 und 1 des Neurons j. Für die Neuronen der Ausgabeschicht sorgt der Faktor $\left(t_j^p - x_j^p\right)$ für eine dem Fehler proportionale Gewichtsänderung. Für die Neuronen der verdeckten Schicht wird der Wert δ_j^p des Neurons j rekursiv aus allen Änderungen δ_k der Neuronen der nächsthöheren Schicht berechnet. (Ertel 2017, S. 270–271)

Der Backpropagation Algorithmus hat sich in verschiedenen Anwendungen bewährt, beispielsweise in der Mustererkennung und in der Robotik. Die Anwendung ist jedoch manchmal problematisch. Insbesondere wenn das Netzwerk viele tausend Gewichte hat und viele Trainingsdaten zu lernen sind, treten zwei Probleme auf: Das Netzwerk konvergiert oft gegen lokale Minima der Fehlerfunktion. Außerdem konvergiert Backpropagation oft sehr langsam. Dies bedeutet, dass viele Iterationen über alle Trainingsmuster benötigt werden. Es wurden viele Verbesserungen vorgeschlagen, um diese Probleme abzuschwächen. Schwingungen können beispielsweise durch langsames Reduzieren der Lernrate η vermieden werden. Eine andere Methode zur Reduzierung von Schwingungen ist die Verwendung eines Impulsterms beim Aktualisieren der Gewichte der sicherstellt, dass sich die Richtung des Gradientenabstiegs von einem Schritt zum nächsten nicht zu dramatisch ändert. Hier wird für die aktuelle Gewichtsänderung $\Delta_p w_{ji}(t)$ zum Zeitpunkt t ein weiterer Teil der Gewichtsänderung $\Delta_p w_{ji}(t-1)$ aus dem vorherigen Schritt hinzugefügt. Hieraus resultiert folgende Lernregel mit einem Parameter γ zwischen null und eins. (Ertel 2017, S. 274–275)

$$\Delta_p w_{ji}(t) = \eta \delta_j^p x_i^p + \gamma \Delta_p w_{ji}(t-1) \quad \text{Gl. 4-8}$$

Durch geschickte Vereinheitlichung der genannten Verbesserungen und anderen heuristischen Tricks erreichte Martin Riedmiller mit dem RProp-Algorithmus eine weitere Optimierung (Riedmiller und Braun 1993). RProp hat die Backpropagation ersetzt und ist heute der Stand der Technik für Anwendungen mit vorwärtsgerichteten künstlichen neuronalen Netzen. (Ertel 2017, S. 274–275)

Probablistic Neural Networks

Das Probabilistic Neural Network (PNN) wurde von Specht im Jahr 1990 eingeführt. Das PNN verwendet eine Gauß-Funktion als Aktivierungsfunktion und die Bayes-Strategie zur Musterklassifizierung. Hierbei wird ein Objekt basierend auf der Übereinstimmungswahrscheinlichkeit einer Klasse zugeordnet. (Specht 1990)

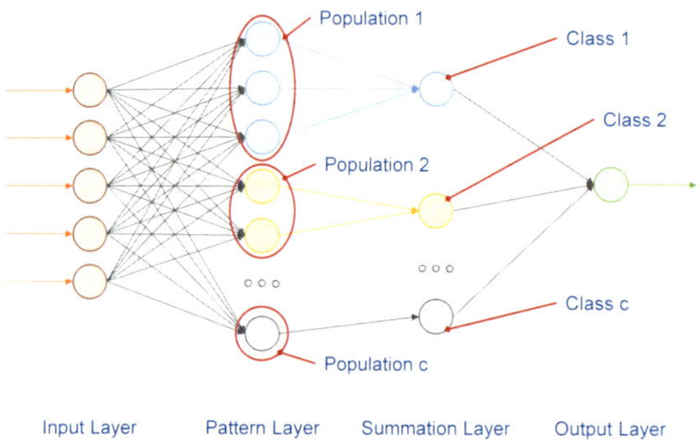

Abbildung 4-49: Aufbau eines probabilistischen neuronalen Netzwerks (Elser et al. 2021; Jongebloed 2019; Berthold und Diamond 1998; Specht 1990)

Das künstliche neuronale Netzwerk besteht aus den folgenden vier Schichten (Abbildung 4-49) (Specht 1990; Berthold und Diamond 1998; Mohebali et al. 2020):

- Eingabeschicht (engl. Input Layer): Die Eingabeschicht verbindet den Eingabevektor mit den nachgelagerten Schichten. Die Anzahl der Neuronen ist identisch zur Dimension des Vektors. Zwischen der Eingabeschicht und der Musterschicht besteht eine vollständige und vorwärtsgerichtete Verknüpfung.
- Musterschicht bzw. erste versteckte Schicht (engl. Pattern Layer or first Hidden Layer): Die Neuronen der Musterschicht werden während des Trainings auf Basis der Trainingsdaten ausgebildet. Ein Neuron repräsentiert einen Datensatz aus den Trainingsdaten. Die Neuronen in der Musterschicht bilden Populationen (engl. Population). Jede Population repräsentiert eine vorherzusagende Klasse. Zur Vorhersage berechnet ein Neuron den euklidischen Abstand zwischen Testdaten und hinterlegten Trainingsdaten auf Basis der Radial Basis Function (RBF). Die Neuronen aus einer Population in der Musterschicht sind nur noch mit einem Neuron in der Summationsschicht verknüpft, welches die vorherzusagenden Klasse repräsentiert.

- Summationsschicht oder zweite versteckte Schicht (engl. Summation Layer or Second Hidden Layer): Die Summationsschicht enthält genau ein Neuron für jede vorhersagbare Klasse. Dieses Neuron bildet die Summe über die gewichteten Werte für die dazugehörige Population aus der Musterschicht. Die Summe je Klasse wird zur Vorhersage der Klassenzugehörigkeit an die Ausgabeschicht übergeben.
- Ausgabeschicht (engl. Output Layer): Die Ausgabeschicht vergleicht die Summen der gewichteten Werte aus der Summationsschicht und bestimmt die Klasse mit dem höchsten vorhergesagten Wert. Diese Klasse hat die wahrscheinlichste Übereinstimmung mit den Testdaten.

Nachfolgend wird die Berechnung der Übereinstimmungswahrscheinlichkeit $p(class\ k|\vec{x})$ für jede der c Klassen nach Berthold und Diamond (1998) erläutert. PNNs verwenden einen n-dimensionalen Eingabevektor $\vec{x}$. Dieser Eingabevektor wird auf die Neuronen $x_i(1 \leq i \leq n)$ der Eingabeschicht angewendet und an die Neuronen der Musterschicht weitergeleitet. In dieser Schicht werden m_k Gauß-Funktionen $N(\vec{\mu}_j^k, \Sigma_j^k\ )$ für jede Klasse $k(1 \leq k \leq c)$ berechnet:

$$p_j^k(\vec{x}) = \frac{1}{(2\pi)^{n/2} |\Sigma_j^k\ |^{-1/2}} exp\left\{-\frac{1}{2}(\vec{x} - \vec{\mu}_j^k)^T \left(\sum_j^k\right)^{-1} (\vec{x} - \vec{\mu}_j^k)\right\} \quad \text{Gl. 4-9}$$

In Gl. 4-9 bezeichnet $\vec{\mu}_j^k$den Mittelwert der Verteilung und $\sum_j^k$ gibt ihre Kovarianzmatrix an. Bei $\sum_j^k$ handelt es sich um eine positiv bestimmte Matrix, bei der alle Eigenwerte positiv sind. Für jede Klasse k existieren also m_k multivariate Verteilungen. Die Summationsschicht berechnet die Übereinstimmungswahrscheinlichkeit zu den Klassen durch eine Kombination dieser multivariaten Verteilungen:

$$o_k(\vec{x}) = \sum_{j=1}^{m_k} \pi_j^k p_j^k(\vec{x}) \quad \text{Gl. 4-10}$$

Der Wert π_j^kstellt das Mischungsverhältnis innerhalb der Klasse dar. π_j^k ist nicht negativ und beinhaltet:

$$\sum_{j=1}^{m_k} \pi_j^k = 1 \quad mit\ k = 1, \dots, c \quad \text{Gl. 4-11}$$

Das Risiko einer falschen Klassenzuordnung eines Datensatzes – beispielsweise Klasse k anstatt Klasse l – kann über die Zuordnung von Entscheidungskosten v_l^k für eine Klasse berechnet werden. Die Risikofunktion $\rho_k(\vec{x})$ kann über einen zusätzliche dritte verstecke Schicht abgebildet werden:

$$\rho_k(\vec{x}) = \sum_{l=1}^{c} v_l^k \alpha_l o_l(\vec{x})$$ Gl. 4-12

Hier gibt α_l die a priori Wahrscheinlichkeit für eine Übereinstimmung von $\vec{x}$ mit der Klasse l an. Bei der Verwendung eines PNN mit risikobasierter Entscheidung, würde die Klasse l mit dem geringsten Risiko gewählt.

Das klassische PNN ähnelt einem intelligenten Speicher, da für jedes Trainingsdatenmuster ein neues Neuron in der Musterschicht angelegt wird. Für große Datensätze sind PNNs mit klassische Trainingsalgorithmen daher nicht anwendbar. Der von Berthold und Diamond (1998) vorgestellte Dynamic Decay Adjustment (DDA) Algorithmus löst dieses Problem. Das PNN wird während des Trainings dynamisch aufgebaut und die Anzahl der benötigten Neuronen in der Musterschicht wird automatisch optimiert. Außerdem wird der Einflussbereich für jede Gauß-Funktion basierend auf Informationen über Nachbarn berechnet. Diese Technik erhöht die Erkennungsgenauigkeit in Konfliktbereichen. (Berthold und Diamond 1998)

4.4.2 Untersuchung der Leistungsfähigkeit

Untersuchungsraum

Zur Beurteilung der Leistungsfähigkeit der ausgewählten neuronalen Netze als Lokalisierungsmethode für ein Indoor Echtzeit-Lokalisierungssystem, muss ein Trainingsdatensatz unter industrieähnlichen Bedingungen erhoben werden. Der Untersuchungsraum am Werkzeugmaschinenlabor WZL stellt durch seine industrielle Ausstattung und die großen reflektierenden Metallflächen eine ideale Versuchsumgebung dar, in der mit Störungen wie z.B. Mehrwegempfang zu rechnen ist. Der Raum hat eine Länge von ca. 5,5 m und eine Breite von ca. 5 m, vergleichbar mit dem Arbeitsbereich eines Mitarbeiters in der Einzel- und Kleinserienfertigung. (Elser et al. 2021)

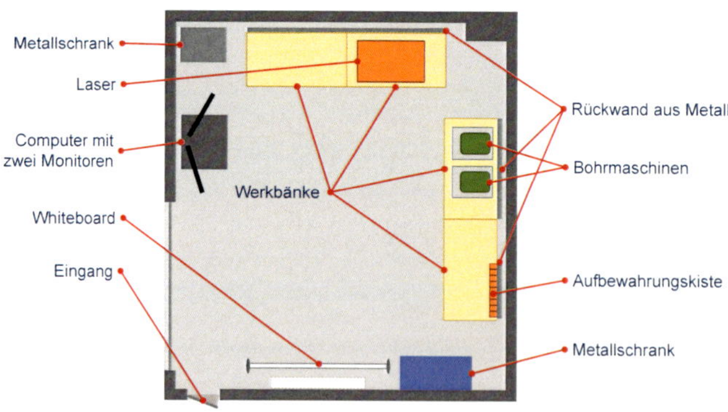

Abbildung 4-50: Untersuchungsraum am Werkzeugmaschinenlabor WZL (Elser et al. 2021; Jongebloed 2019)

Auf den nachfolgenden Bildern (Abbildung 4-51) ist die Ausstattung des Versuchsraums, sowie bereits das Messraster und die Bluetooth LE Referenz Beacons zu erkennen. Auf letztere Punkte wird im weiteren Verlauf des Kapitels noch im Detail eingegangen.

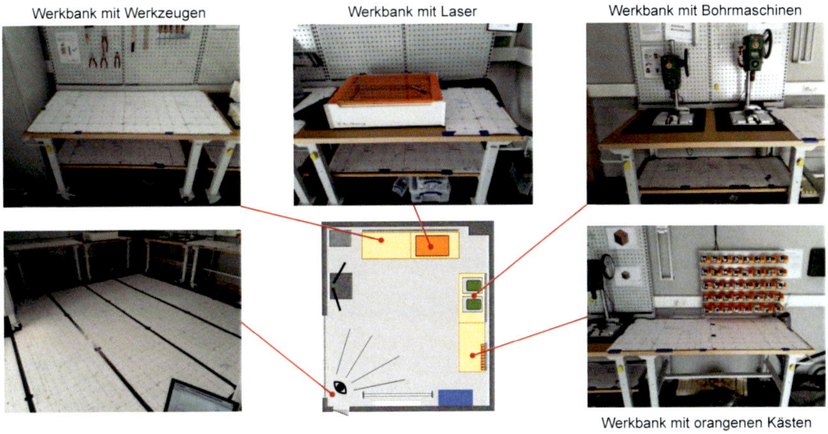

Abbildung 4-51: Bilder aus dem Untersuchungsraum (Elser et al. 2021; Jongebloed 2019)

Hardware

Um die Datenbasis für das Fingerprinting zu verbessern und Einflussgrößen wie die Orientierung automatisiert erfassen zu können, wurde für die weiteren Untersuchungen ein Bluetooth LE Beacon der Firma Estimote als Location Tag eingesetzt (Abbildung 4-52). Dieser Bluetooth LE Beacon enthält zusätzlich zum Bluetooth LE Beacon der Firma ifm noch verschiedene Sensoren. Um eine Übertragbarkeit der Ergebnisse auf Bluetooth LE Beacons ohne Sensorik zu ermöglichen, wird in dieser Arbeit für die Fingerprinting-Methode lediglich die Signalstärke des Bluetooth LE Beacons berücksichtigt. Die Sendeleistung für den Bluetooth LE Beacon bei 0 m ist hierbei auf + 4 dBm eingestellt.

Bluetooth	Bluetooth 5.0
Radio	TX power: bis zu +10 dBm RX sensitivity: bis zu -96 dBm
Microcontroller	64 MHz ARM Cortex M4 64 kB RAM 512 kB Flash
Sensoren	Beschleunigungsmesser Temperatur Umgebungslicht Magnetometer Druck
Schnittstelle	4 Pin GPIO

Abbildung 4-52: Estimote Bluetooth LE Location Beacon (Estimote 2017)

Zur Übertragung der Sensordaten im Advertising-Zustand kommt ein herstellerspezifisches Advertising Protokoll (Abbildung 4-53) zum Einsatz. Auf Grund der Menge an Daten und der begrenzten Länge des zugrundeliegenden Protokollrahmenwerks (Abbildung 3-8), werden die Sensordaten abwechselnd über zwei verschiedene Datenpakete – Subframe A und Subframe B – übertragen. Die Datenstruktur ist in der nachfolgenden Abbildung 4-53 dargestellt.

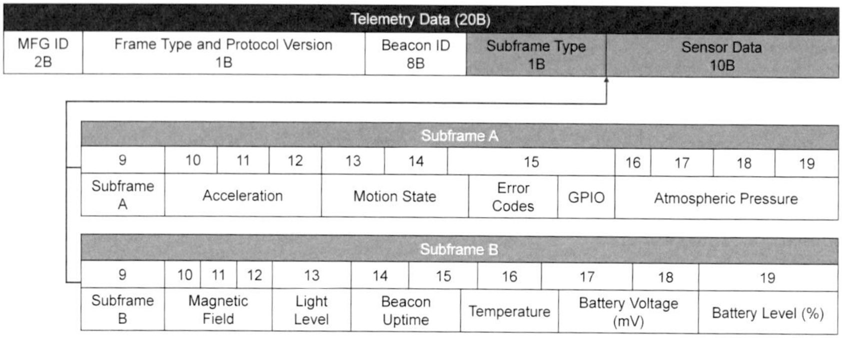

Abbildung 4-53: Estimote Telemetry Advertising Protokoll (vgl. Piotr Krawiec 2019)

Datenakquise

Zur Generierung der Versuchsdaten muss die Signalstärke der Bluetooth LE Beacons an verschiedenen Positionen im Raum gemessen werden. Dazu wurden insgesamt fünf Raspberry Pis (3B) an den Wänden und an der Decke des Raumes montiert. Diese dienen als feste Empfangsstationen. Die Montagehöhe wurde so gewählt, dass sie über der Kopfhöhe einer erwachsenen Person und über den metallischen Rückwänden der Werkbänke liegt. Die Raspberry Pis wurden an unterschiedlichen Stellen im Raum positioniert, sodass sich Veränderungen der Position der Bluetooth LE Beacons in einer heterogenen Veränderung der Signalstärke an den verschiedenen Empfängern widerspiegeln. Um die Signalstärke der Bluetooth LE Beacons an verschiedenen Positionen im Raum messen zu können, wurde im Raum ein Messraster mit einer Auflösung von 0,1 m ausgelegt.

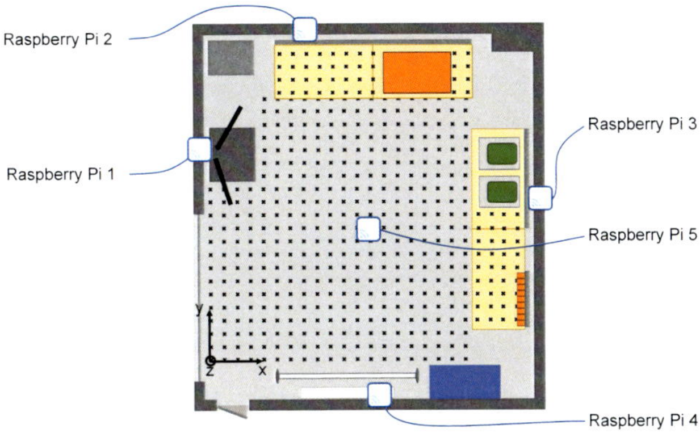

Abbildung 4-54: Skizze des Untersuchungsraumes mit Messrasters, Koordinatensystem und Positionen der Raspberry Pis (vgl. Jongebloed 2019)

Um die Lage der Datenpunkte zu bestimmen, wurde in der unteren linken Ecke des Messgitters der Ursprung eines Koordinatensystems mit x-, y- und z-Koordinaten definiert. Neben dem Boden (x = 0 m) wurde auch auf dem Regal unter den Tischen (x = 0,4 m) und der Arbeitsfläche auf den Tischen (x = 1,0 m) ein Messraster platziert. Außer diesen drei verschiedenen Ebenen wurden keine weiteren Variationen entlang der z-Achse im Koordinatensystem vorgenommen. Die Lage des Koordinatensystems und des Messrasters, sowie die Positionen der Raspberry Pis sind in Abbildung 4-54 skizziert. Das Messraster ist auch in den Bildern in Abbildung 4-51 zu sehen. Der Versuchsaufbau umfasst insgesamt 2136 Messpunkte. (Elser et al. 2021)

Bei der Planung der Datenerhebung wurde versucht auch Szenarien zu berücksichtigen, welche über den Untersuchungsumfang dieser Arbeit hinausgehen. Um dynamische Störungen – wie beispielsweise Produktionsmitarbeiter – bei der Lokalisierung berücksichtigen zu können, wurden sieben Referenz-Beacons im Versuchsraum platziert (Abbildung 4-55).

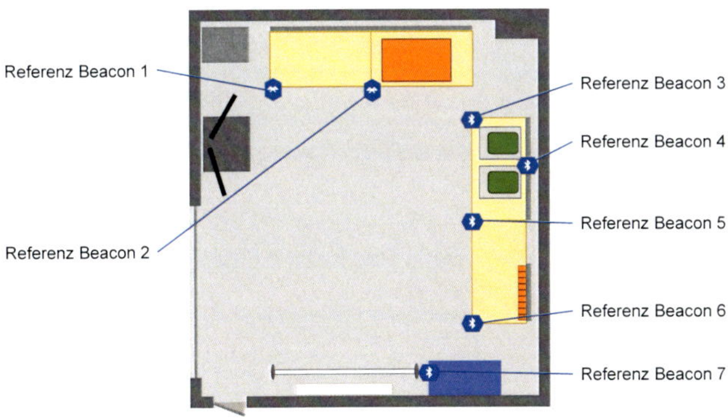

Abbildung 4-55: Skizze der Positionen der Referenz Beacons im Untersuchungsraum (vgl. Jongebloed 2019)

Durch eine Veränderung des bekannten Signalverhaltens dieser Bluetooth LE Beacon lassen sich potenziell Rückschlüsse auf Störungen im Versuchsraum ziehen. Neben einem störungsfreien Versuchsraum wurden fünf mögliche Störungen definiert (Abbildung 4-51). Hierdurch ergeben sich die folgenden sechs Untersuchungsszenarien:

1. keine Störung
2. Person steht mitten im Raum
3. Person steht vor der Werkbank mit den orangenen Kästen
4. Person steht vor der Werkbank mit den Bohrmaschinen
5. Person steht vor der Werkbank mit dem Laser
6. Person steht vor der Werkbank mit den Werkzeugen

Die Art der vorliegenden Störung wurde während der Datenerhebung über eine Benutzereingabe erfasst (Abbildung 4-57). Im Rahmen dieser Arbeit wurden insgesamt drei Versuchsdatensätze erfasst (Abbildung 4-56). Bei der Erfassung des ersten Datensatzes wurden die Bluetooth LE Beacons entlang des Messrasters um 45° verdreht. Hierdurch kann der Einfluss der Orientierung auf die Lokalisierungsgenauigkeit untersucht werden. Bei der Erfassung des zweiten Datensatzes wurde die Orientierung der Bluetooth LE Beacons konstant gehalten und eine Störung in Form eines Mitarbeiters entsprechend dem sechsten Untersuchungsszenarios in den Versuchsraum eingebracht. Der dritte Datensatz wurde ohne Störungen und Variation der Orientierung der Bluetooth LE Beacons erhoben.

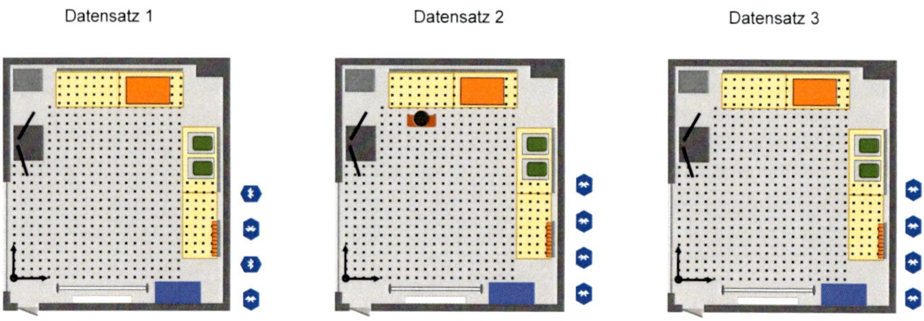

Abbildung 4-56: Grafische Darstellung der Unterschiede zwischen den Datensätzen (vgl. Jongebloed 2019)

Lediglich der dritte Datensatz dient als Grundlage für die Untersuchungen der Leistungsfähigkeit des Indoor Echtzeit-Lokalisierungssystems in dieser Arbeit. Der erste- und zweite Datensatz können als Grundlage für weitere Untersuchungen in daran anschließende Arbeiten dienen (Anhang A.2.).

Zur Erfassung der Daten wurden 14 Bluetooth LE Beacons manuell auf den Messpunkten platziert und als „Einheit“ entlang des Messrasters bewegt. An jedem Punkt des Messgitters wurde die empfangene Signalstärke des BLE Beacon gemessen. Für den Empfang und die Verarbeitung der Advertising Pakete auf den Raspberry Pis wurde die in Kapitel 4.2.2 beschrieben Softwarearchitektur entsprechend erweitert.

Über ein MATLAB Skript (Abbildung 4-57) wird zunächst abgefragt, ob ein neues Experiment begonnen werden oder ein bestehendes fortgesetzt werden soll. Bei der Fortsetzung eines Experiments muss über die „Benutzereingabe Nr. 1“ die Laufzeitvariable *n* für die Erhebung des nächsten Datensatzes manuell eingegeben werden. Beim Start eines neuen Experiments wird die Laufzeitvariable *n* mit dem Wert *1* initialisiert. Zu Beginn der Datenakquise wird für jeden Datensatz ein neuer Ordner angelegt. Zur späteren Identifikation wird der Ordername („*Versuch_No_n*“) mit der Laufzeitvariablen *n* durchnummeriert. Danach werden in der „Benutzereingabe Nr. 2“ die Position der Bluetooth LE Beacons auf dem Messraster und das vorliegende Untersuchungsszenario erfasst. Anschließend erfolgt die eigentliche Messung analog zu der in Kapitel 4.2.2 beschrieben Softwarearchitektur. Die Messdaten je Raspberry Pi werden als CSV-Daten und die manuellen Nutzereingaben als Matlab-Datei in dem zuvor erstellen Ordner abgelegt. Die Messdaten werden hierbei als Rohdaten (engl. raw data) erfasst und gespeichert (Abbildung 4-58). Das beschriebene Vorgehen wird so lange wiederholt, bis alle Datenpunkte erfasst sind. Hierbei wird die Laufzeitvariable *n* vor der nächsten Messung um den Wert *1* erhöht.

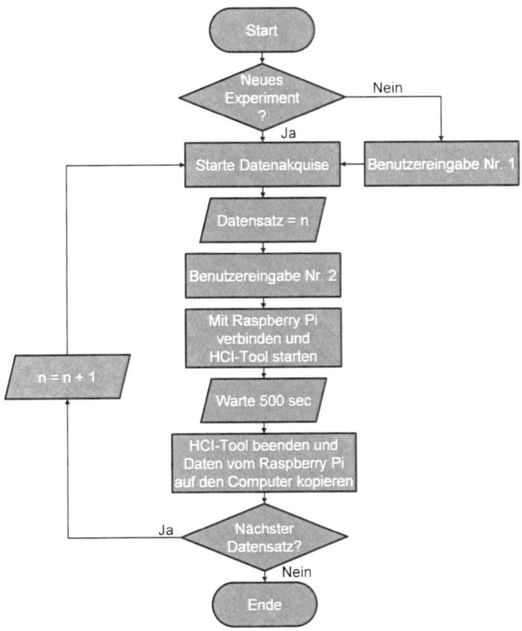

Abbildung 4-57: Ablaufdiagramm des Programms zur Datenakquise (vgl. Jongebloed 2019)

Datentransformation

Die im Rahmen der Datenakquise erfassen Rohdaten liegen als Zeichenkette (engl. string) in Form von Hexadezimalzahlen vor (Abbildung 4-58). Für die spätere Datenanalyse müssen die

Messdaten erst transformiert und in ihre Einzelwerte unterteilt werden. Der Aufbau der Zeichenkette ist nachfolgend exemplarisch dargestellt. Der zugrundeliegende Aufbau des Estimote Telemetry Advertising Paket kann Abbildung 4-53 entnommen werden.

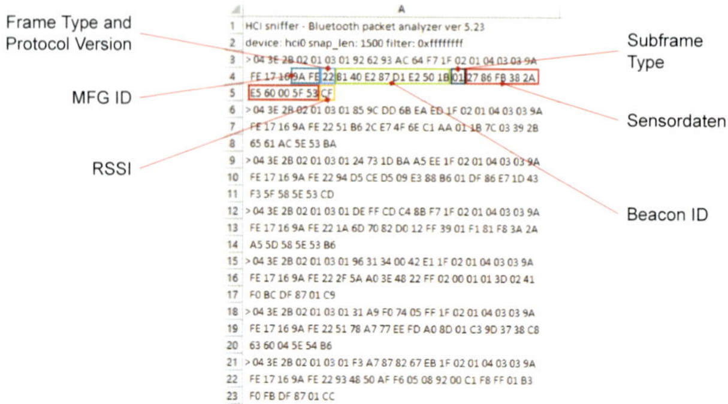

Abbildung 4-58: Estimote Telemetry Advertising Rohdaten (Elser et al. 2021; Jongebloed 2019)

Mit Hilfe eines Matlab-Skriptes wird zu Beginn der Datentransformation erst überprüft, ob es sich um den Subframe A oder Subframe B handelt. Anschließend werden aus der Zeichenkette die einzelnen Werte extrahiert und in Dezimalzahlen bzw. lateinische Schriftzeichen transformiert. Die Ergebnisse werden gemeinsam mit denen in der Matlab-Datei erfassten Benutzereingaben in einem großen Matlab-Cell-Array (Tabelle 4-1) gespeichert.

Tabelle 4-1: Aufbau des Matlab-Cell-Arrays (Jongebloed 2019)

MAC	Beacon Name	Pi 01		Pi 02		Pi 03		Pi 04		Pi 05		Area Effect Code	Pos. X	Pos. Y	Pos. Z
		Sub. A	Sub. B	Sub. A	Sub. B	Sub. A	Sub. B	Sub. A	Sub. B	Sub. A	Sub. B				
String	String	Array	Array	Array	Array	Array	Array	Array	Array	Array	Array	Integer	Double	Double	Double
String	String	Array	Array	Array	Array	Array	Array	Array	Array	Array	Array	Integer	Double	Double	Double
String	String	Array	Array	Array	Array	Array	Array	Array	Array	Array	Array	Integer	Double	Double	Double
String	String	Array	Array	Array	Array	Array	Array	Array	Array	Array	Array	Integer	Double	Double	Double
String	String	Array	Array	Array	Array	Array	Array	Array	Array	Array	Array	Integer	Double	Double	Double
String	String	Array	Array	Array	Array	Array	Array	Array	Array	Array	Array	Integer	Double	Double	Double
String	String	Array	Array	Array	Array	Array	Array	Array	Array	Array	Array	Integer	Double	Double	Double
String	String	Array	Array	Array	Array	Array	Array	Array	Array	Array	Array	Integer	Double	Double	Double
String	String	Array	Array	Array	Array	Array	Array	Array	Array	Array	Array	Integer	Double	Double	Double
String	String	Array	Array	Array	Array	Array	Array	Array	Array	Array	Array	Integer	Double	Double	Double
String	String	Array	Array	Array	Array	Array	Array	Array	Array	Array	Array	Integer	Double	Double	Double
String	String	Array	Array	Array	Array	Array	Array	Array	Array	Array	Array	Integer	Double	Double	Double
String	String	Array	Array	Array	Array	Array	Array	Array	Array	Array	Array	Integer	Double	Double	Double
String	String	Array	Array	Array	Array	Array	Array	Array	Array	Array	Array	Integer	Double	Double	Double
String	String	Array	Array	Array	Array	Array	Array	Array	Array	Array	Array	Integer	Double	Double	Double
String	String	Array	Array	Array	Array	Array	Array	Array	Array	Array	Array	Integer	Double	Double	Double
String	String	Array	Array	Array	Array	Array	Array	Array	Array	Array	Array	Integer	Double	Double	Double
String	String	Array	Array	Array	Array	Array	Array	Array	Array	Array	Array	Integer	Double	Double	Double
String	String	Array	Array	Array	Array	Array	Array	Array	Array	Array	Array	Integer	Double	Double	Double
String	String	Array	Array	Array	Array	Array	Array	Array	Array	Array	Array	Integer	Double	Double	Double
String	String	Array	Array	Array	Array	Array	Array	Array	Array	Array	Array	Integer	Double	Double	Double

Das Matlab-Cell-Array ist so strukturiert, dass die Daten zeilenweise den einzelnen Bluetooth LE Beacon zugeordnet sind. Hierdurch ergeben sich 21 Zeilen, wobei die ersten 7 Zeilen die stationär im Raum angebrachten Referenz Beacons (Abbildung 4-55) und die folgenden 14 Zeilen die auf dem Messraster platzierten Bluetooth LE Beacons repräsentieren. Von links nach rechts gelesen, werden für jeden Beacon folgende Daten gespeichert: die MAC-Adresse des Beacons, der Name des Beacons, die von den Raspberry Pis eins bis fünf erfassten Daten in Form der Subframes A und B, die Art des vorliegenden Untersuchungsszenarios als „Area

Effect Code“ und die Position des Beacons als kartesische Koordinaten. Unter der Kopfzeile des Matlab-Cell-Arrays ist die Art des jeweils verwendeten Datentyps angegeben.

Nachfolgend wird der Aufbau der Arrays des Subframes A und des Subframes B beschrieben. Von links nach rechts gelesen, werden im Array für Subframe A (Tabelle 4-2) folgende Daten gespeichert: die empfangene Signalstärke (Spalte 1), die Beschleunigungswerte entlang der x -, y - und z - Achse (Spalten 2 - 4), der aktuelle Bewegungsstatus (Spalte 5), die Dauer des vorherigen Bewegungsstatus mit dazugehöriger Einheit (Spalten 6 - 7), die Dauer des aktuellen Bewegungsstatus mit dazugehöriger Einheit (Spalten 8 - 9), die Status der vier Pin der GPIO Schnittstelle des Bluetooth LE Beacons (Spalten 10 - 13), Fehler in der Firmware und Uhr des Beacons (Spalten 14 -15) sowie der atmosphärische Druck (Spalte 16). (Piotr Krawiec 2019)

Tabelle 4-2: Aufbau Array für Subframe A (Elser et al. 2021; Jongebloed 2019)

RSSI	acc. X	acc. Y	acc. Z	motion state	duration previous	unit previous	duration current	unit current	pin 0	pin 1	pin 2	pin 3	firmware error	clock error	pressure
Integer	Double	Double	Double	Integer	Integer	String	Integer	String	String	String	String	String	Integer	Integer	Double
Integer	Double	Double	Double	Integer	Integer	String	Integer	String	String	String	String	String	Integer	Integer	Double
Integer	Double	Double	Double	Integer	Integer	String	Integer	String	String	String	String	String	Integer	Integer	Double
Integer	Double	Double	Double	Integer	Integer	String	Integer	String	String	String	String	String	Integer	Integer	Double
Integer	Double	Double	Double	Integer	Integer	String	Integer	String	String	String	String	String	Integer	Integer	Double
Integer	Double	Double	Double	Integer	Integer	String	Integer	String	String	String	String	String	Integer	Integer	Double
Integer	Double	Double	Double	Integer	Integer	String	Integer	String	String	String	String	String	Integer	Integer	Double
Integer	Double	Double	Double	Integer	Integer	String	Integer	String	String	String	String	String	Integer	Integer	Double
Integer	Double	Double	Double	Integer	Integer	String	Integer	String	String	String	String	String	Integer	Integer	Double
Integer	Double	Double	Double	Integer	Integer	String	Integer	String	String	String	String	String	Integer	Integer	Double
Integer	Double	Double	Double	Integer	Integer	String	Integer	String	String	String	String	String	Integer	Integer	Double
...	...	...	...	...	...	...	...	...	...	...	...	...	...	...	...

Im Array für Subframe B (Tabelle 4-3), werden von links nach rechts gelesen folgende Daten gespeichert: die empfangene Signalstärke (Spalte 1), die magnetische Flussdichte entlang der x -, y - und z - Achse (Spalten 2 - 4), die Helligkeit (Spalte 5), die Betriebszeit des Bluetooth LE Beacons mit dazugehöriger Einheit (Spalten 6 - 7), die Umgebungstemperatur (Spalte 8), die Batteriespannung in Millivolt (Spalte 9) und die Restkapazität der Batterie in Prozent (Spalte 10). (Piotr Krawiec 2019)

Tabelle 4-3: Aufbau Array für Subframe B (Jongebloed 2019)

RSSI	mag. X	mag. Y	mag. Z	light level	uptime	uptime unit	temperature	battery voltage	battery level
Integer	Double	Double	Double	Double	Integer	String	double	Integer	Integer
Integer	Double	Double	Double	Double	Integer	String	double	Integer	Integer
Integer	Double	Double	Double	Double	Integer	String	double	Integer	Integer
Integer	Double	Double	Double	Double	Integer	String	double	Integer	Integer
Integer	Double	Double	Double	Double	Integer	String	double	Integer	Integer
Integer	Double	Double	Double	Double	Integer	String	double	Integer	Integer
Integer	Double	Double	Double	Double	Integer	String	double	Integer	Integer
Integer	Double	Double	Double	Double	Integer	String	double	Integer	Integer
Integer	Double	Double	Double	Double	Integer	String	double	Integer	Integer
Integer	Double	Double	Double	Double	Integer	String	double	Integer	Integer
Integer	Double	Double	Double	Double	Integer	String	double	Integer	Integer
...	...	...	...	...	...	...	...	...	...

Für die sich anschließende Datenvorverarbeitung und Modellbildung wird in dieser Arbeit das Open Source Tool KNIME (www.knime.com) verwendet. In KNIME können über sogenannte Nodes individuelle Workflows gestaltet werden. Die kontinuierlich wachsende Anzahl an bereits vorhandener Nodes zur Datenanalyse kann mit frei programmierbaren Nodes, beispielsweise in Java oder Python, kombiniert werden. Durch die breite Unterstützung von verschiedenen Machine- bzw. Deep-Learning-Ansätzen, wie beispieslweise Keras und TensorFlow, kann KNIME sehr flexible für unterschiedlichste Anwendungsfälle eingesetzt werden.

Für die Untersuchung der Leistungsfähigkeit des Indoor Echzeit-Lokalisierungssystem werden in dieser Arbeit nur die von den Raspberry Pis gemessen RSSI-Werte verwendet. Daher werden über ein weiteres Matlab-Skript, die zu einem Bluetooth LE Beacon gehörenden RSSI-Werte sowie die manuell erfasste Position für jeden Beacon aus dem Matlab-Cell-Array in jeweils eine CSV-Datei überführt. In diesem Format können die Daten anschließend von KNIME für die Datenvorverarbeitung importiert werden.

Datenvorverarbeitung

Im Rahmen der Datenvorverarbeitung werden die gemessen RSSI-Werte für das Training der Künstlichen Neuronalen Netze aufbereitet. Eine Übersicht des hierfür verwendeten KNIME-Workflows ist nachfolgend dargestellt (Abbildung 4-59). Die einzelnen Abschnitte des Workflows sind farblich hervorgehoben. Diese werden anschließend im Detail dargestellt und erläutert. Die Verortung der im Detail dargestellten Abschnitte im Workflow wird in einer kleinen Übersichtgrafik oben rechts dargestellt.

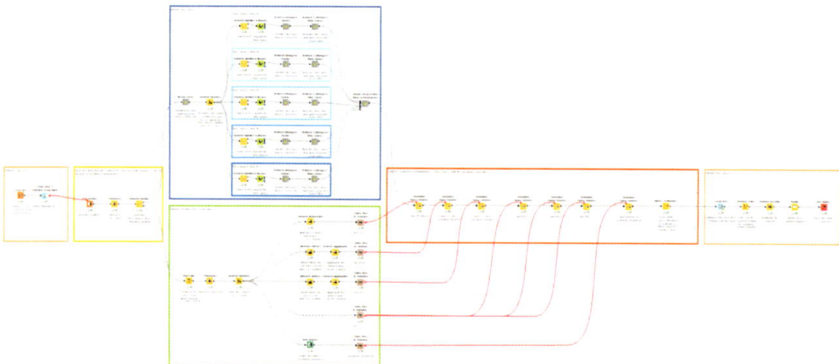

Abbildung 4-59: Übersicht KNIME-Workflow zur Datenvorverarbeitung (Jongebloed 2019)

Zunächst werden der Start- und Endbereich des Workflows betrachtet (Abbildung 4-60), über welche die Daten importiert- und exportiert werden. Zwischen diesen Bereichen findet die Datenmanipulation statt.

Abbildung 4-60: Start- und Endbereich des KNIME-Workflows (Jongebloed 2019)

Der orange Node im Startbereich erstellt eine Liste über alle sich in einem Ordner befindenden CSV-Dateien aus Matlab. In dieser Liste werden Dateiname und Dateipfad (URL) festgehalten. Der hellblaue Node ist der Beginn einer Schleife. Die Schleife iteriert durch die Liste und gibt die URL an den dunkelgrünen Block zur Datenmanipulation weiter. Über die URL können die einzelnen Datensätze im Rahmen der Manipulation abgerufen werden. Der hellblaue Node im Endbereich stellt das Ende der Schleife dar. In diesem Node werden die Daten nach jeder Iteration zwischengespeichert, bis die Schleife vollständig durchlaufen ist. Erst danach wird über das „Column Filter" Node eine nicht mehr benötigte Behelfsspalte mit Information zur iterativen Erzeugung der Daten entfernt. Anschließend werden die Daten mit dem „Column Restorter" Node für eine bessere Übersichtlichkeit neu angeordnet. Vor dem abschließenden Datenexport werden über das „RowID" Node dem Datensatz neue Zeilen-IDs (engl. Row IDs) zugewiesen. Dies reduziert potenzielle Probleme durch sich wiederholende Zeilen-IDs.

Nachfolgend werden die Abschnitte zur Datenmanipulation erläutert. Dies geschieht exemplarisch anhand der für den Bluetooth LE Beacon mit den Koordinaten x = 4 m, y = 4 m und z = 1 m erhobenen Daten. Zunächst wird der gelbe Abschnitt (Abbildung 4-61) betrachtet.

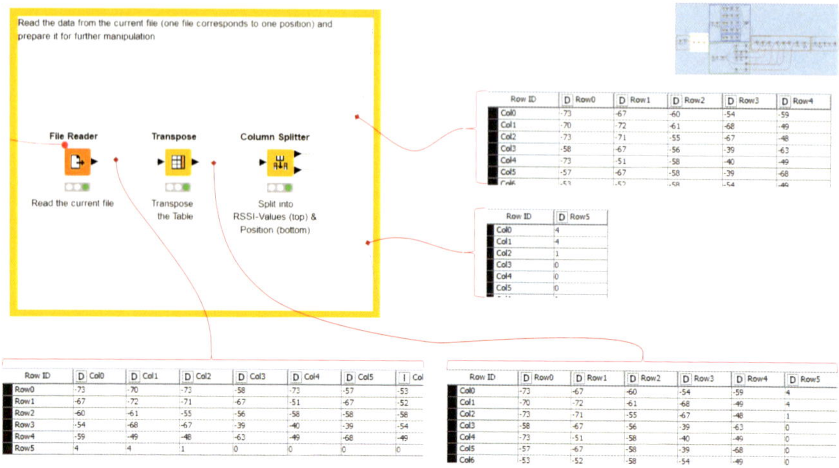

Abbildung 4-61: Einlesen der Daten und Aufteilen in RSSI und Positionsdaten (Jongebloed 2019)

Die URL der CSV-Datei wird von links aus der Schleife an das „File Reader“ Node übergeben und von diesem geladen. Über die grauen Pfeile werden die Daten in Tabellenform an die nächsten Nodes im Workflow weitergegeben. Über das „Transpose“ Node wird die Datentabelle transponiert. Die ersten fünf Spalten der Datentabelle enthalten nun die RSSI-Werte und die sechste Spalte die Positionsangabe in den ersten drei Zeilen. Über das „Column Splitter“ Node werden die Daten nun in Positionsdaten und Signalstärkewerte unterteilt und separat an die nächsten Abschnitte bzw. Nodes im Workflow weitergeben.

Im blauen Abschnitt (Abbildung 4-62) werden die von den fünf Raspberry Pi gemessen RSSI-Werte separat vorverarbeitet. Zur besseren Nachvollziehbarkeit des Workflows ist der blaue Abschnitt in drei Teilabschnitte unterteilt, welche nacheinander betrachtet werden.

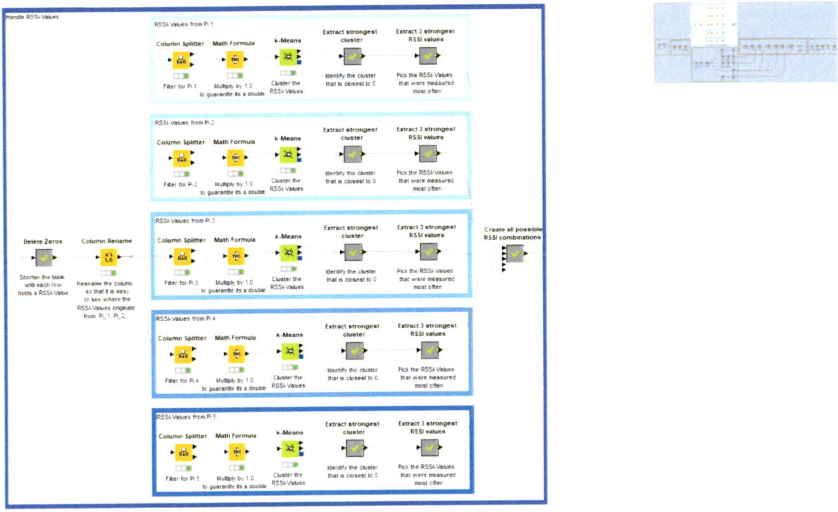

Abbildung 4-62: Vorverarbeitung der RSSI-Daten (Jongebloed 2019)

Im ersten Teilabschnitt (Abbildung 4-63) werden die Signalstärkewerte aus dem gelben Abschnitt übernommen. Da durch verschiedene Einflussgrößen (Kapitel 4.3) nicht jedes Advertising Signal von jedem Raspberry Pi erfasst wird, liegen für die fünf Raspberry Pis unterschiedlich erfolgreich gemessen RSSI-Werte vor. Daher werden über das graue Node mit grünem Haken die einzelnen Spalten so weit gekürzt, dass in alle Spalten RSSI-Werte vorhanden sind. Danach werden die Spalten über das „Column Rename“ Node zur besseren Nachvollziehbarkeit neu benannt.

Row ID	D Row0	D Row1	D Row2	D Row3	D Row4
Col177	-56	-53	-58	-55	-49
Col178	-56	-52	-72	-51	-49
Col179	-53	-50	-72	-68	-78
Col180	-58	-58	-58	-54	-47
Col181	-71	-73	-55	-67	-64
Col182	-70	-67	-58	-38	-49
Col183	-53	-67	-71	0	-49
Col184	-73	-52	0	0	-65
Col185	-56	-67	0	0	-64
Col186	-71	-51	0	0	-65
Col187	0	-67	0	0	-87
Col188	0	-50	0	0	-74
Col189	0	0	0	0	-63
Col190	0	0	0	0	-75
Col191	0	0	0	0	-49
Col192	0	0	0	0	0

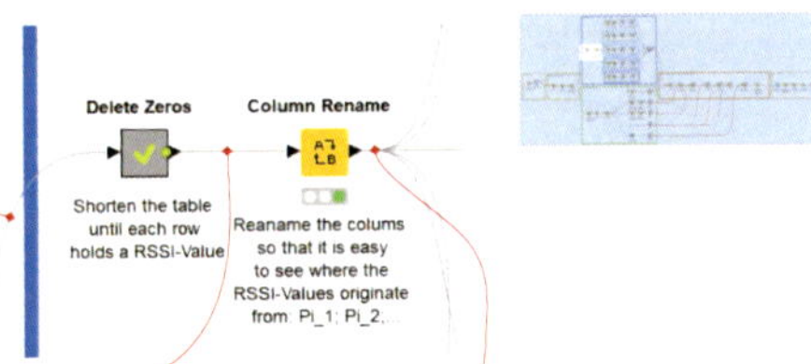

Row ID	D Row0	D Row1	D Row2	D Row3	D Row4
Col171	-73	-52	-58	-52	-74
Col172	-56	-67	-55	-54	-89
Col173	-58	-57	-70	-39	-48
Col174	-54	-72	-61	-39	-48
Col175	-73	-52	-77	-54	-88
Col176	-58	-50	-58	-39	-65
Col177	-56	-53	-58	-55	-49
Col178	-56	-52	-72	-51	-49
Col179	-53	-50	-72	-68	-78
Col180	-58	-58	-58	-54	-47
Col181	-71	-73	-55	-67	-64
Col182	-70	-67	-58	-38	-49

Row ID	D Pi_1	D Pi_2	D Pi_3	D Pi_4	D Pi_5
Col0	-73	-67	-60	-54	-59
Col1	-70	-72	-61	-68	-49
Col2	-73	-71	-55	-67	-48
Col3	-58	-67	-56	-39	-63
Col4	-73	-51	-58	-40	-49
Col5	-57	-67	-58	-39	-68
Col6	-53	-52	-58	-54	-49
Col7	-53	-66	-71	-39	-48
Col8	-56	-56	-72	-39	-47

Abbildung 4-63: Kürzung der RSSI-Werte (Jongebloed 2019)

Im zweiten Teilabschnitt (Abbildung 4-64) findet die eigentliche Datenvorverarbeitung der RSSI-Werte statt. Diese wird exemplarisch anhand des ersten Raspberry Pis betrachtet. Über das „Column Splitter" Node werden zunächst die RSSI-Werte für den ersten Raspberry Pi aus der Tabelle gefiltert. Um sicherzustellen, dass der Datentyp Double vorliegt, werden diese Werte anschließend mit dem „Math Formula" Node mit 1.0 multipliziert. Die nun vorliegenden Signalstärkewerte sind exemplarisch visualisiert (Abbildung 4-64). Diese unterliegen den aus Kapitel 4.3 bereits bekannten Schwankungen, insbesondere in Bezug auf die drei unterschiedlichen Advertising Kanäle. Daher wird mit Hilfe des „k-Means" Node bzw. einem k-Means Cluster Algorithmus versucht den Rückschluss auf die Advertising Kanäle herzustellen. Die Mittelwerte der drei gebildeten Cluster sind als rote Linie dargestellt. Aus dem Cluster mit der höchsten durchschnittlichen Signalstärke werden anschließend die drei am häufigsten gemessen RSSI-Werte ausgewählt. Dies geschieht über die zwei grauen Nodes mit grünem Haken. Hierdurch stehen am Ende dieses Teilabschnittes je drei RSSI-Werte für jeden der fünf Raspberry Pis zur Verfügung.

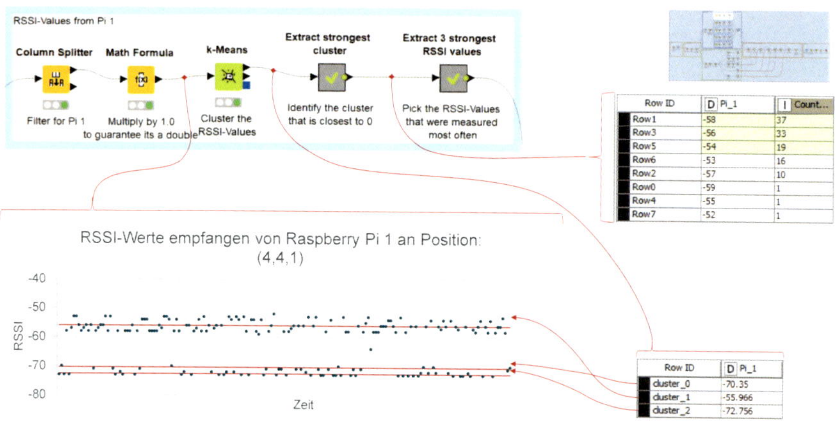

Abbildung 4-64: Auswahl der wahrscheinlichsten RSSI-Werte (Elser et al. 2021; Jongebloed 2019)

Im dritten Teilabschnitt (Abbildung 4-65) werden die für die fünf Raspberry Pis separat gewonnen drei RSSI-Werte wieder zusammengesetzt. Da ein großer Trainingsdatensatz für künstliche neuronale Netze prinzipiell von Vorteil ist, werden aus den RSSI-Werten alle möglichen Kombinationen gebildet. Für jeden Messpunkt bzw. Bluetooth LE Beacon ergeben sich so 243 Kombination an RSSI-Werten.

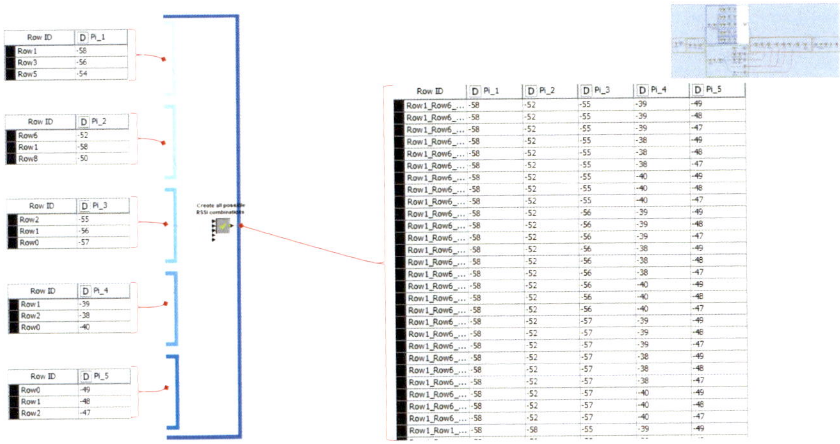

Abbildung 4-65: RSSI-Werte kombinieren (Jongebloed 2019)

Im grünen Abschnitt (Abbildung 4-66) werden die Zielwerte, sogenannte Labels, aus den manuell erfassten Positionsdaten für den Trainingsdatensatz erzeugt. Die Labels entsprechen hierbei den Klassen, welche über künstliche neuronale Netze differenziert werden sollen. Hierzu werden aus der übergebenen Datentabelle aus dem gelben Abschnitt zunächst die Positionsdaten, am Beispiel von x = 4, y = 4 und z = 1, mit dem „Row Filter“ Node extrahiert. Über das „Transpose“ Node werden diese anschließend transponiert. Um sicherzustellen, dass der Datentyp Double vorliegt, werden die Werte danach mit dem „Math Formula“ Node mit 1.0 multipliziert. Nachfolgend werden die Spalten über das „Column Rename“ Node neu benannt. Anschließend erfolgt die eigentliche Erstellung der Labels in Form des Datentyps String. Hierbei werden verschiedene Labels für die Kapitel 3.3 beschriebenen Formen der Positionsangaben erstellt. Für die physische Lokalisierung wird ein Label mit der Position in Kartesischen Koordinaten – bezogen auf das Beispiel (4.0, 4.0, 1.0) – erstellt. Für die symbolische Lokalisierung auf ein Raster werden Labels für zwei quadratische Raster mit Kantenlängen von 0,5 m und 1,0 m erstellt. Für die exemplarische Position ergibt sich so das Label (3.5-4.0, 3.5-4.0, 0.75-000) für die Kantenlänge von 0,5 m und (3.0-4.0, 3.0-4.0, 0.75-000) für die Kantenlänge von 1,0 m. Über die drei Nullen soll angezeigt werden, dass das z-Intervall nach oben nicht beschränkt ist. Für die Symbolische Lokalisierung über selbst gewählte Bereiche wurden Labels mit der für den Versuchsraum erstellen Bereichsbezeichnungen (Abbildung 4-67) erstellt. Die selbst gewählten Bereiche sind hierbei entsprechend ihrer Lage unterschiedlich farblich markiert. Bereiche auf dem Fußboden sind blau, Bereiche unter den Tischen lila und Bereiche auf den Tischen grün hervorgehoben. Alle weiteren Bereiche sind als „Unbekannter Ort“ gelabelt und nicht gesondert hervorgehoben. Die exemplarische Position entspricht hierbei dem Bereich „Tisch 2 oben rechts“. Neben den verschiedenen Labels werden auch die Positionsdaten selbst als Variable vom Datentyp Double weitergegeben.

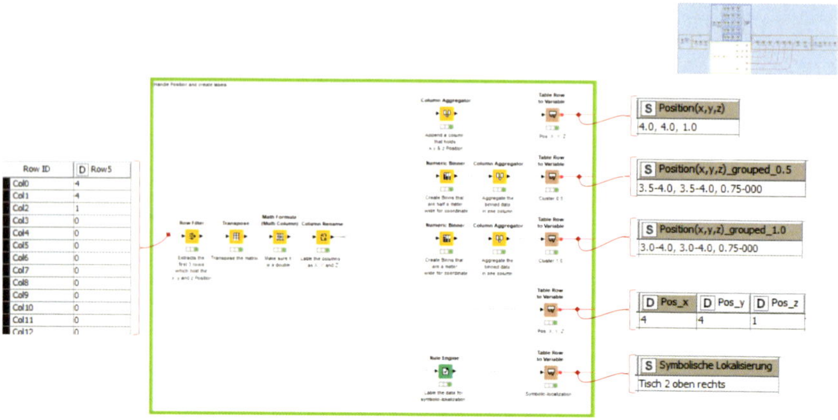

Abbildung 4-66: Erstellung von Labels (Jongebloed 2019)

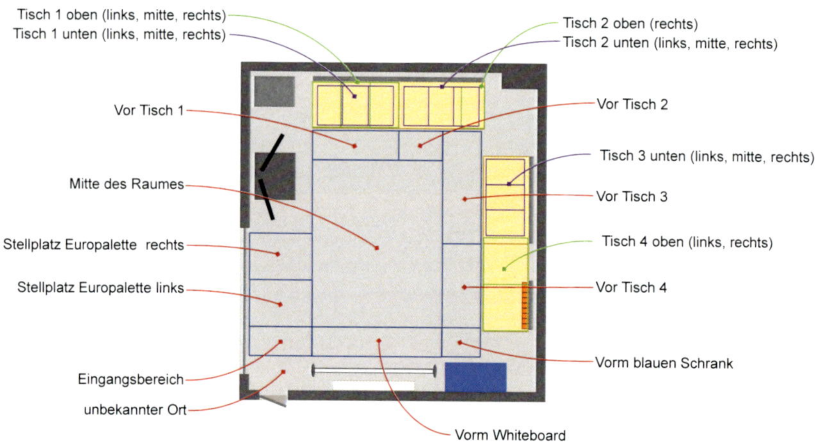

Abbildung 4-67: Selbst gewählte Bereiche für symbolische Lokalisierung (Jongebloed 2019)

Im orangen Abschnitt werden die RSSI-Werte aus dem blauen Abschnitt mit den Labeln aus dem grünen Abschnitt zusammengeführt (Abbildung 4-68). Exemplarisch ist für die an der Position x = 4, y = 4 und z = 1 erhoben Daten ein Ausschnitt der Datentabelle dargestellt. Damit ist die Datenmanipulation zwischen Datenimport und -export (Abbildung 4-60) abgeschlossen.

Row ID	D PI_1	D PI_2	D PI_3	D PI_4	D PI_5	S Position(x,y,z)	S Position(x,y,z)_grouped_0.5	S Position(x,y,z)_grouped_1.0	D Pos_x	D Pos_y	D Pos_z	S Symbolische Lokalisierung
Row1_Row6_...	-58	-52	-55	-39	-49	4.0, 4.0, 1.0	3.5-4.0, 3.5-4.0, 0.75-000	3.0-4.0, 3.0-4.0, 0.75-000	4	4	1	Tisch 2 oben rechts
Row1_Row6_...	-58	-52	-55	-39	-48	4.0, 4.0, 1.0	3.5-4.0, 3.5-4.0, 0.75-000	3.0-4.0, 3.0-4.0, 0.75-000	4	4	1	Tisch 2 oben rechts
Row1_Row6_...	-58	-52	-55	-39	-47	4.0, 4.0, 1.0	3.5-4.0, 3.5-4.0, 0.75-000	3.0-4.0, 3.0-4.0, 0.75-000	4	4	1	Tisch 2 oben rechts
Row1_Row6_...	-58	-52	-55	-38	-49	4.0, 4.0, 1.0	3.5-4.0, 3.5-4.0, 0.75-000	3.0-4.0, 3.0-4.0, 0.75-000	4	4	1	Tisch 2 oben rechts
Row1_Row6_...	-58	-52	-55	-38	-48	4.0, 4.0, 1.0	3.5-4.0, 3.5-4.0, 0.75-000	3.0-4.0, 3.0-4.0, 0.75-000	4	4	1	Tisch 2 oben rechts
Row1_Row6_...	-58	-52	-55	-38	-47	4.0, 4.0, 1.0	3.5-4.0, 3.5-4.0, 0.75-000	3.0-4.0, 3.0-4.0, 0.75-000	4	4	1	Tisch 2 oben rechts
Row1_Row6_...	-58	-52	-55	-40	-49	4.0, 4.0, 1.0	3.5-4.0, 3.5-4.0, 0.75-000	3.0-4.0, 3.0-4.0, 0.75-000	4	4	1	Tisch 2 oben rechts
Row1_Row6_...	-58	-52	-55	-40	-48	4.0, 4.0, 1.0	3.5-4.0, 3.5-4.0, 0.75-000	3.0-4.0, 3.0-4.0, 0.75-000	4	4	1	Tisch 2 oben rechts
Row1_Row6_...	-58	-52	-55	-40	-47	4.0, 4.0, 1.0	3.5-4.0, 3.5-4.0, 0.75-000	3.0-4.0, 3.0-4.0, 0.75-000	4	4	1	Tisch 2 oben rechts
Row1_Row6_...	-58	-52	-56	-39	-49	4.0, 4.0, 1.0	3.5-4.0, 3.5-4.0, 0.75-000	3.0-4.0, 3.0-4.0, 0.75-000	4	4	1	Tisch 2 oben rechts
Row1_Row6_...	-58	-52	-56	-39	-48	4.0, 4.0, 1.0	3.5-4.0, 3.5-4.0, 0.75-000	3.0-4.0, 3.0-4.0, 0.75-000	4	4	1	Tisch 2 oben rechts
Row1_Row6_...	-58	-52	-56	-39	-47	4.0, 4.0, 1.0	3.5-4.0, 3.5-4.0, 0.75-000	3.0-4.0, 3.0-4.0, 0.75-000	4	4	1	Tisch 2 oben rechts
Row1_Row6_...	-58	-52	-56	-38	-49	4.0, 4.0, 1.0	3.5-4.0, 3.5-4.0, 0.75-000	3.0-4.0, 3.0-4.0, 0.75-000	4	4	1	Tisch 2 oben rechts

Abbildung 4-68: Zusammenführen von RSSI-Werten und Labeln (Jongebloed 2019)

Modellentwicklung und Training

Nachfolgend wird der Workflow zum Training der künstlichen neuronalen Netze in KNIME erläutert. Zu Beginn des Workflows (Abbildung 4-69) wird mit dem „CSV Reader" Node der vorverarbeitete Datensatz eingelesen. Über das „Column Filter" Node werden je nach Formen der Positionsangaben (Kapitel 3.3) die nicht benötigten Spalten herausgefiltert. So werden beispielsweise für die symbolische Lokalisierung auf selbstgewählte Bereiche, nur die RSSI-Werte und das Label mit den Bereichsbezeichnungen nicht entfernt. Anschließend werden über das „Normalizer" Node alle Werte auf den Bereich zwischen 0 und 1 normalisiert.

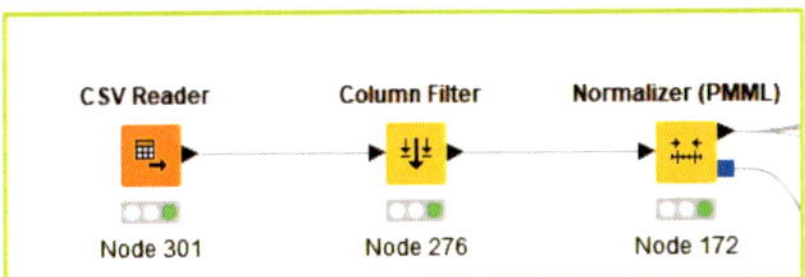

Abbildung 4-69: Beginn des Trainingsworkflows in KNIME (Jongebloed 2019)

Für das Training der künstlichen neuronalen Netze (Abbildung 4-70), wird der vorverarbeitete Datensatz über das „Partitioning" Node in einen Trainingsdaten- und einen Testdatensatz aufgeteilt. Die Unterteilung kann absolut – z. B. 100.000 Trainingsdaten und 50.000 Testdaten – oder relativ – z. B. 75 % Trainingsdaten und 25 % Testdaten – erfolgen. Das eigentliche Training künstlicher neuronaler Netze bei KNIME erfolgt über die Kombination aus einem hellgrünen „Learner" Node und einem dunkelgrünen „Predictor" Node. Über das „Learner" Node wird das Entscheidungsverhalten des künstlichen neuronalen Netzes erlernt und an das „Predictor" Node übergeben. Die Vorhersagegenauigkeit des „Predictor" Nodes für den Testdatensatz wird über das sich anschließende „Scorer" Node ermittelt.

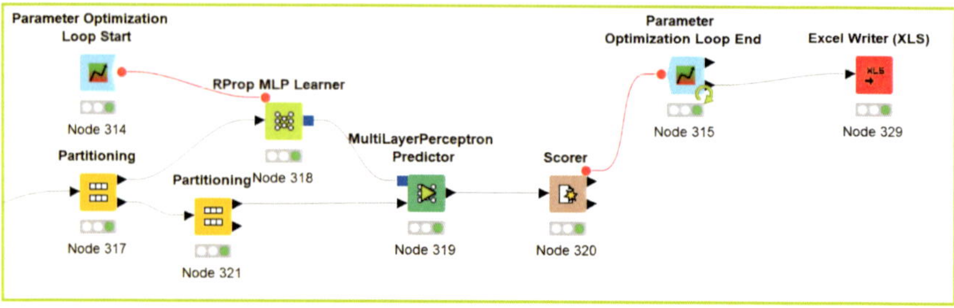

Abbildung 4-70: Workflow zur Parameter Optimierung (Jongebloed 2019)

Die Vorhersagegenauigkeit kann durch die Parametereinstellungen im „Learner Node" beeinflusst werden. Die einstellbaren Parameter sind hierbei von dem verwendeten künstlichen neuronalen Netz abhängig.

So können für das Multilayer Perceptron (MLP) die Anzahl der verdeckten Schichten und die Anzahl an Neuronen je verdeckter Schicht eingestellt werden. Für das Probabilistic Neural Network (PNN) können die Werte Theta-minus und Theta-plus eingestellt werden. Theta-plus stellt den unteren Schwellwert für die korrekte Vorhersage einer Klasse dar, wohingegen Theta-minus den oberen Schwellwert für die korrekte Ablehnung der verbleibenden Klassen darstellt. Als Ausgangswerte für PNN werden in KNIME Theta-plus = 0.4 und Theta-minus = 0.2 empfohlen.

Zur Bewertung der Vorhersagegenauigkeit der verschieden Parametereinstellungen wird in dieser Arbeit auf die Konfusionsmatrix (engl. Confusion Matrix) zurückgegriffen (Abbildung 4-71). Mit Hilfe der Konfusionsmatrix wird beurteilt, ob Labels durch ein künstliches neuronales Netz richtig oder falsch vorhergesagt werden. (Papp et al. 2019, S. 164)

		Vorhergesagtes Labels	
		Positiv	**Negativ**
Wahre Labels	**Positiv**	*TP = True Positive*	*FN = False Negative*
	Negativ	*FP = False Positive*	*TN = True Negative*

Abbildung 4-71: Konfusionsmatrix (Papp et al. 2019, S. 164)

Zur Beurteilung der optimalen Parametereinstellung für ein künstliches neuronales Netz können aus den Werten in der Konfusionsmatrix – TP, TN, FP und FN – nachfolgende Kennzahlen gebildet werden. (Papp et al. 2019, S. 164)

Die Erfolgsrate (engl. Accuracy) beschreibt den gesamten Anteil an richtig vorhergesagten wahren positiven und negativen Werten.

$$Accuracy = \frac{TP + TN}{TP + FN + FP + TN} \qquad \text{Gl. 4-13}$$

Die Spezifität (engl. Precision) beschreibt den Anteil der korrekt positiv vorhergesagten Werten aus allen positiven vorhergesagten Werten. (Papp et al. 2019, S. 164)

$$Precision = \frac{TP}{TP + FP} \qquad \text{Gl. 4-14}$$

Die Sensitivität (engl. Recall) beschreibt den Anteil der wahren positiven Werte die korrekt vorhergesagt wurden.

$$Recall = \frac{TP}{TP + FN} \qquad \text{Gl. 4-15}$$

Um einen Vergleich zweier Parametereinstellungen bei sich unterscheidenden Precision und Recall Kennzahlen zu ermöglichen, wurden aus beiden die Kennzahl F-measure gebildet. (Papp et al. 2019, S. 164)

$$F - measure = \frac{2 * Recall * Precision}{Recall + Precision} \qquad \text{Gl. 4-16}$$

Wie bereits erwähnt, hängt die Vorhersagegenauigkeit stark von der Wahl der richtigen Trainingsparameter ab. Die richtigen Trainingsparameter sind jedoch stark von dem jeweiligen Anwendungsfall abhängig. Daher wird in dieser Arbeit eine Parameteroptimierung durchgeführt. Um die für jede Iteration des Optimierungsprozesses benötigte Trainingszeit zu reduzieren, wurde die Parameteroptimierung mit einer reduzierten Größe von 50.000 Trainings- und 30.000 Testdatensätzen durchgeführt. Bei der Parameteroptimierung wurden für jeden zu optimierenden Parameter eine untere und eine obere Schranke sowie eine Schrittweite definiert (Tabelle 4-4). Anschließend wurde ein KNN mit jeder möglichen Parameterkombination trainiert. (Elser et al. 2021)

Tabelle 4-4: Einstellungen für die Parameteroptimierung (Elser et al. 2021; Jongebloed 2019)

MLP	Untere Grenze	Obere Grenze	Schrittweite
Anzahl verdeckter Schichten	1	5	1
Anzahl Neuronen je Schicht	50	100	10

PNN	Untere Grenze	Obere Grenze	Schrittweite
Theta minus	0.1	0.9	0.1
Theta plus	0.1	0.9	0.1

4.4.3 Ergebnisse der Untersuchung

Nachfolgend werden die Ergebnisse der Untersuchung der Leistungsfähigkeit des Indoor Echtzeit-Lokalisierungssystems betrachtet. Hierbei wird zwischen folgenden Formen der Positionsbestimmung differenziert:

- Symbolische Lokalisierung über einheitliches Raster mit 1 m Kantenlänge
- Symbolische Lokalisierung über selbstgewählte Bereiche
- Physische Lokalisierung über kartesische Koordinaten

Für die symbolische Lokalisierung über ein einheitliches Raster und selbstgewählte Bereiche (Abbildung 4-72 und Abbildung 4-73) wird jeweils ein künstliches neuronales Netz auf Basis der von den fünf Raspberry Pis gemessen RSSI-Werten trainiert. Für die physische Lokalisierung über kartesische Koordinaten (Abbildung 4-74) wird für jede Koordinatenrichtung ein separates künstliches neuronales Netz trainiert.

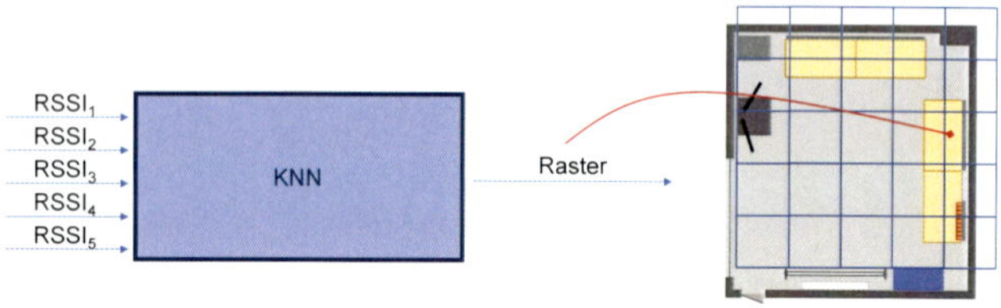

Abbildung 4-72: Symbolische Lokalisierung über ein einheitliches Raster (Jongebloed 2019)

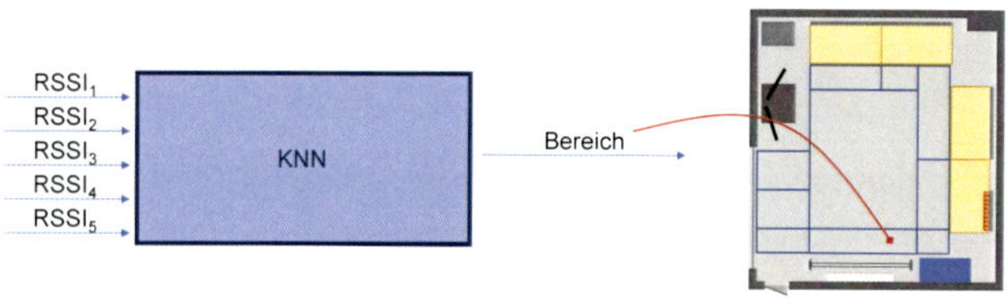

Abbildung 4-73: Symbolische Lokalisierung über selbstgewählte Bereiche (Jongebloed 2019)

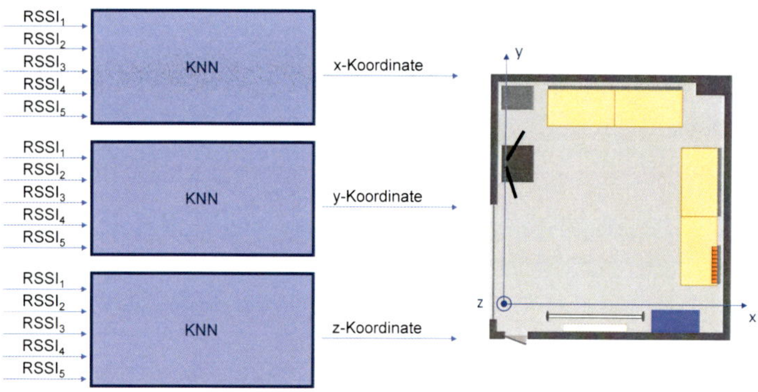

Abbildung 4-74: Physische Lokalisierung über kartesische Koordinaten (Jongebloed 2019)

Zur Beurteilung der Leistungsfähigkeit eines Indoor Echtzeit-Lokalisierungssystems schlägt die ISO/IEC 18305:2016(E) für die Positionsbestimmung über Zonen die Wahrscheinlichkeit einer korrekten Vorhersage als Leistungskennzahl vor. Hierbei wurde für den Anwendungsfall in dieser Arbeit, die zusätzliche Vorhersage des richtigen Stockwerks außenvorgelassen.

$$P_z = \frac{N_z}{N} \qquad \text{Gl. 4-17}$$

Diese Leistungskennzahl ist vergleichbar zu der für die Beurteilung von künstlichen neuronalen Netzen definierten Accuracy (Gl. 4-13). Für die Beurteilung der symbolischen Lokalisierung über ein einheitliches Raster und selbstgewählte Bereiche wird daher in dieser Arbeit primär die Accuracy, neben Recall und F-Measure, als Leistungskennzahl herangezogen.

Für die physische Lokalisierung über Koordinaten ist diese Leistungskennzahl jedoch nicht geeignet. Hierfür schlägt die ISO/IEC 18305:2016(E) die Ermittlung des mittleren Fehlers des Positionsvektors vor. Die Variablen wurden für den Anwendungsfall in dieser Arbeit entsprechend umbenannt. Der Index w steht für den wahren Wert, der Index v für den vorhergesagten Wert und der Index i für einen Wert aus der Testdatenmenge.

In x-Richtung berechnet sich die Abweichung folgendermaßen:

$$\Delta x_i = x_i^w - x_i^v \qquad \text{Gl. 4-18}$$

Darauf basierend ergibt sich die mittlere absolute Abweichung in x-Richtung:

$$\overline{\Delta x} = \frac{\sum_{i=0}^{n} |\Delta x_i|}{n} \qquad \text{Gl. 4-19}$$

In y-Richtung ergibt sich die Abweichung analog:

$$\Delta \mathrm{y}_i = y_i^w - y_i^v \qquad \text{Gl. 4-20}$$

Daraus bestimmt sich die mittlere absolute Abweichung in y-Richtung:

$$\overline{\Delta \mathrm{y}} = \frac{\sum_{i=0}^{n} |\Delta \mathrm{y}_i|}{n} \qquad \text{Gl. 4-21}$$

In z-Richtung berechnet sich die Abweichung entsprechend:

$$\Delta \mathrm{z}_i = z_i^w - z_i^v \qquad \text{Gl. 4-22}$$

Hieraus bestimmt sich die mittlere absolute Abweichung in z-Richtung:

$$\overline{\Delta \mathrm{z}} = \frac{\sum_{i=0}^{n} |\Delta \mathrm{z}_i|}{n} \qquad \text{Gl. 4-23}$$

Aus den mittleren absoluten Abweichungen kann die euklidische Abweichung folgendermaßen berechnet werden:

$$\Delta d = \sqrt{\overline{\Delta x}^2 + \overline{\Delta y}^2 + \overline{\Delta z}^2} \qquad \text{Gl. 4-24}$$

Daraus lässt sich die mittlere absolute euklidische Abweichung berechnen:

$$\overline{\Delta d} = \frac{\sum_{i=0}^{n} |\Delta d_i|}{n} \qquad \text{Gl. 4-25}$$

Im Rahmen der nachfolgenden Ergebnisbetrachtung werden nur die mittleren absoluten Abweichungen für die x-, y- und z-Koordinate sowie die mittlere absolute euklidische Abweichung betrachtet. Für ein besseres Verständnis der Ergebnisse auf Basis der gemessen RSSI-Werte, werden zuvor die RSSI-Werte noch in Form einer Heatmap visualisiert und näher betrachtet.

Heatmap

Bei der Analyse großer Datenmengen ist es oft hilfreich diese für ein besseres Verständnis zunächst zu visualisieren. Eine mögliche Form der Visualisierung ist die Heatmap, bei welcher die Werte farblich codiert in einer Karte eingezeichnet werden. Als Referenzwert für die farbliche Codierung wird in dieser Arbeit der Mittelwert des stärksten Clusters aus denen an einer Position gemessen RSSI-Werte gebildet. Die Skala erstreckt sich hierbei von -40 dBm bis -65 dBm und ist folgendermaßen farblich codiert:

- -40 dBm gelb,
- -45 dBm orange,
- -50 dBm grün,
- -55 dbm türkis,
- -60 dBm blau und
- -65 dBm dunkelblau.

Für ein besseres Verständnis sind die wesentlichen Elemente des Versuchsraums in der Heatmap mit eingezeichnet. Für die unterschiedlichen Ebenen in z-Richtung wurden separate Heatmaps erzeugt. Von links nach rechts betrachtet, stellen die drei Heatmaps die gemessen RSSI-Werte auf dem Boden, den Ablagen unter den Tischen und den Arbeitsflächen auf den Tischen dar. Die Position des jeweiligen Raspberry Pis kann der Abbildung 4-54 entnommen werden.

Auf den Heatmaps von Rasperry Pi 3 (Abbildung 4-77) und Raspberry Pi 5 (Abbildung 4-79) sind die höchsten Signalstärken, sowie die erwartete Abnahme der Signalstärke mit zunehmender Distanz erkennbar. Ein ähnliches Signalverhalten kann auf der Heatmap für den Raspberry Pi 2 (Abbildung 4-76) erkannt werden, wobei hier die Signalstärke mit zunehmender Distanz scheinbar deutlich schneller abnimmt. Auf den Heatmaps von Raspberry Pi 1 (Abbildung 4-75) und Raspberry Pi 5 (Abbildung 4-79) ist jedoch kein logarithmisches Signalverhalten bzw. klares Signalmuster zu erkennen. Diese Form des Signalverhaltens bekräftigt wiederum die Wahl des Fingerprintings als passende Lokalisierungsmethode für den Anwendungsfall in dieser Arbeit.

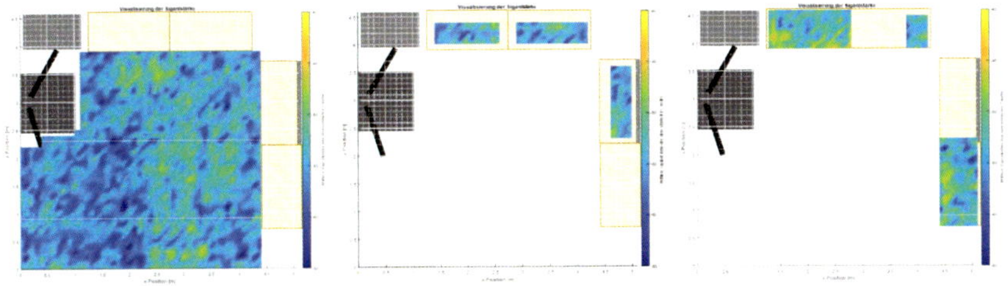

Boden z=0m | Unter den Tischen z=0,5m | Auf den Tischen z=1m

Abbildung 4-75: Heatmap Raspberry Pi 1 (vgl. Jongebloed 2019)

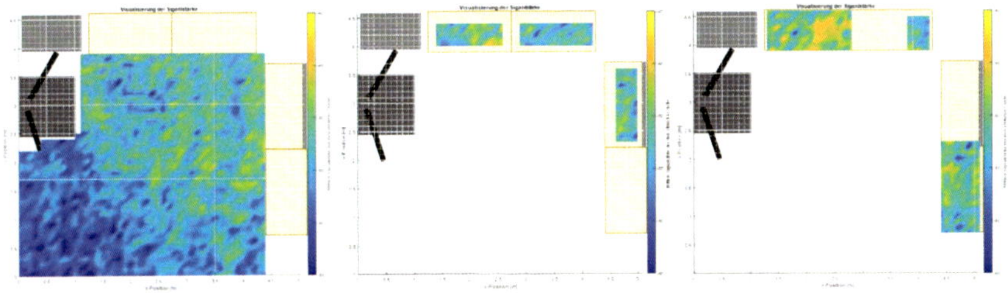

Boden z = 0 m | Unter den Tischen z = 0,5 m | Auf den Tischen z = 1m

Abbildung 4-76: Heatmap Raspberry Pi 2 (vgl. Jongebloed 2019)

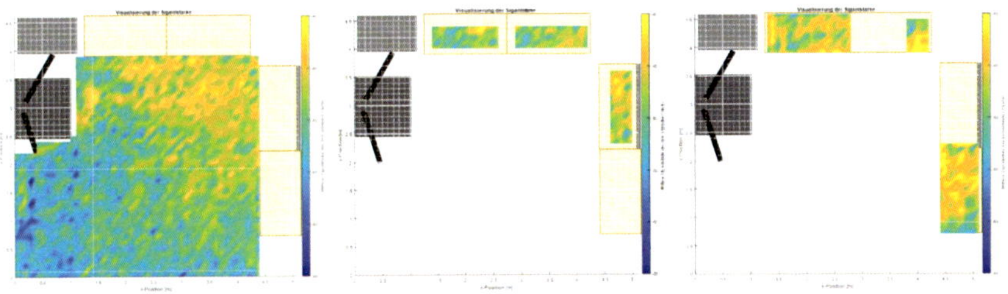

Boden z = 0 m | Unter den Tischen z = 0,5 m | Auf den Tischen z = 1m

Abbildung 4-77: Heatmap Raspberry Pi 3 (vgl. Jongebloed 2019)

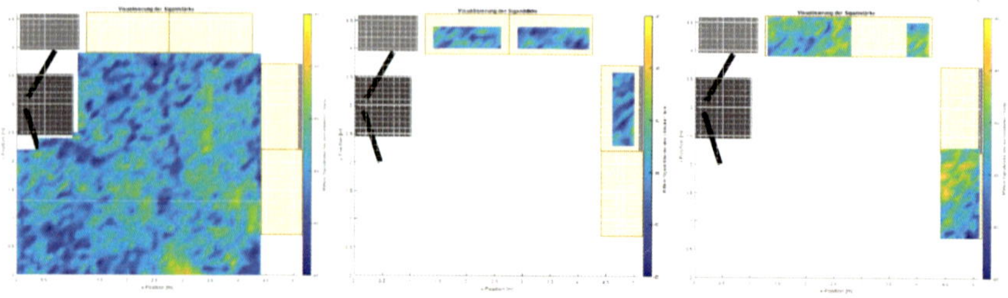

Abbildung 4-78: Heatmap Raspberry Pi 4 (vgl. Jongebloed 2019)

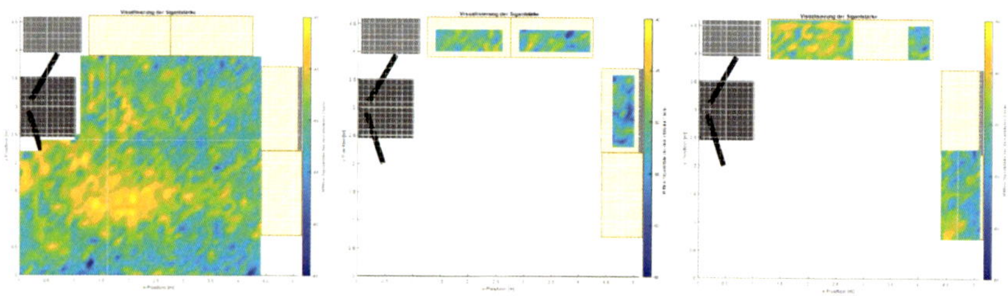

Abbildung 4-79: Heatmap Raspberry Pi 5 (vgl. Jongebloed 2019)

Symbolische Lokalisierung über einheitliches Raster mit 1 m Kantenlänge

Die Ergebnisse der Parameteroptimierung für die symbolische Lokalisierung über ein einheitliches Raster mit 1 m Kantenlänge sind in der nachfolgenden Tabelle 4-5 dargestellt. Mit einer reduzierten Größe von 50.000 Trainings- und 30.000 Testdatensätzen wurde für das MLP eine maximale Accuracy von 28,81% erreicht. Hierbei lag ein Parameterkombination von fünf verdeckten Schichten mit je 90 Neuronen vor. Mit der identischen Anzahl an Trainings- und Testdatensätzen konnte für das PNN eine deutlich höhere Accuracy von 66,34% erreicht werden. Hierbei lag der Wert für Theta-minus bei 0,9 und der Wert für Theta-plus bei 0,1.

Basierend auf den Erkenntnissen der Parameteroptimierung wurden mit den optimalen Einstellungen jeweils ein MLP (Abbildung 4-80) und ein PNN (Abbildung 4-81) mit einem größeren Trainingsdatensatz mit 150.000 Datensätzen trainiert. Entlang der x-Achse sind die einzelnen Quadrate des Rasters mit einer Kantenläge von einem Meter aufgetragen. Darüber sind jeweils die drei Kennzahlen Recall, Precision und F-measure für die Raster aufgetragen. Vergleicht man die Ergebnisse miteinander, so unterliegen die Ergebnisse des MLP deutlich größeren Schwankungen als die Ergebnisse des PNN. Im direkten Vergleich ergibt sich mit dem größeren Trainingsdatensatz für das PNN eine leicht gesteigerte durchschnittliche Accuracy von 69,58%, wohingegen die durchschnittlichen Accuracy für das MLP auf 21,3% abfällt. Auch durch eine erneute Vergrößerung des Trainingsdatensatzes für das MLP auf 335.374 Trainingsdaten – 70% der vorhanden Datensätze – konnte die Accuracy nur leicht auf 24,92% gesteigert werden. (Elser et al. 2021)

Tabelle 4-5: Ergebnisse der Parameteroptimierung für Positionsbestimmung über einheitliches Raster mit 1 m Kantenlänge (Elser et al. 2021; Jongebloed 2019)

MLP	Anzahl Neuronen					
Layer	50	60	70	80	90	100
2	23.61%	24.32%	24.26%	24.96%	26.21%	25.18%
3	24.83%	27.23%	26.95%	26.95%	26.15%	26.03%
4	25.91%	27.25%	28.10%	26.55%	27.68%	28.15%
5	28.21%	28.26%	26.64%	28.17%	28.81%	27.87%

PNN	Theta-minus								
Theta-plus	0.1	0.2	0.3	0.4	0.5	0.6	0.7	0.8	0.9
0.1	62.88%	57.50%	50.18%	41.22%	29.63%	23.24%	15.12%	12.85%	9.88%
0.2	64.21%	59.92%	53.79%	45.91%	36.15%	26.10%	20.37%	12.81%	9.74%
0.3	64.87%	61.01%	55.30%	48.40%	40.21%	30.61%	22.54%	17.85%	11.29%
0.4	65.43%	61.96%	56.67%	49.30%	41.78%	32.27%	25.18%	17.60%	9.21%
0.5	65.97%	62.67%	57.30%	50.34%	42.63%	34.43%	26.01%	19.15%	8.85%
0.6	66.08%	63.42%	57.96%	51.13%	43.69%	35.84%	27.99%	22.08%	13.41%
0.7	66.23%	63.87%	59.01%	52.12%	44.01%	36.94%	28.97%	23.27%	14.93%
0.8	66.26%	64.31%	59.75%	53.57%	45.46%	37.50%	30.59%	23.52%	17.78%
0.9	66.34%	64.39%	60.15%	54.25%	46.80%	39.01%	31.77%	25.19%	19.33%

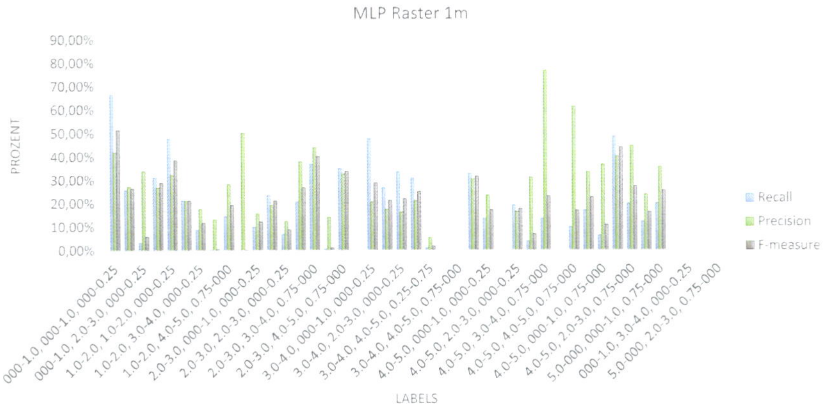

Abbildung 4-80: Ergebnisse der Positionsbestimmung über Raster mit einem MLP (Jongebloed 2019)

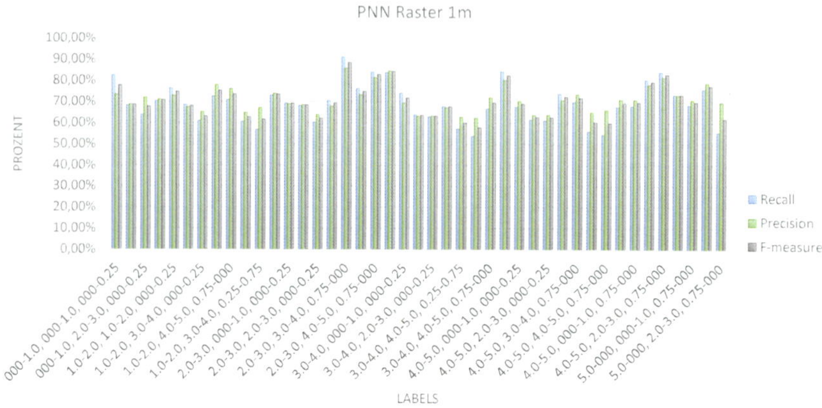

Abbildung 4-81: Ergebnisse der Positionsbestimmung über Raster mit einem PNN (Jongebloed 2019)

Symbolische Lokalisierung über selbstgewählte Bereiche

Im Rahmen der Parameteroptimierung für die Lokalisierung über selbstgewählte Bereiche, wurden für MLP und PNN dieselben Parameterwerte (Tabelle 4-6), wie für die symbolische Lokalisierung über ein einheitliches Raster, ermittelt. (Elser et al. 2021)

Tabelle 4-6: Ergebnisse der Parameteroptimierung für die Lokalisierung auf selbstgewählte Bereiche (Elser et al. 2021; Jongebloed 2019)

MLP	Anzahl Neuronen					
Layer	50	60	70	80	90	100
2	36.85%	36.70%	37.70%	37.75%	37.45%	37.81%
3	37.31%	39.21%	39.36%	38.86%	39.59%	40.08%
4	40.27%	39.00%	39.39%	39.37%	40.29%	40.11%
5	41.38%	38.75%	37.42%	40.84%	41.55%	41.20%

PNN	Theta-minus								
Theta-plus	0.1	0.2	0.3	0.4	0.5	0.6	0.7	0.8	0.9
0.1	62.49%	56.91%	49.69%	40.58%	31.17%	28.29%	27.05%	29.84%	29.32%
0.2	64.24%	58.95%	52.66%	44.41%	35.41%	35.85%	27.26%	28.48%	29.25%
0.3	65.08%	60.78%	54.28%	47.81%	40.40%	34.09%	29.05%	31.84%	29.00%
0.4	65.38%	61.34%	56.13%	49.21%	43.34%	37.48%	33.22%	30.91%	29.07%
0.5	65.47%	61.82%	57.04%	50.96%	44.29%	38.69%	34.80%	31.27%	30.05%
0.6	65.87%	62.37%	57.46%	51.80%	46.07%	40.44%	35.85%	32.59%	30.88%
0.7	66.00%	62.78%	57.96%	52.05%	47.16%	42.12%	37.24%	34.32%	32.04%
0.8	66.12%	63.13%	58.62%	52.77%	47.40%	42.77%	38.63%	34.90%	32.17%
0.9	66.17%	63.37%	59.19%	53.47%	48.31%	43.33%	39.04%	35.71%	32.90%

Mit einer Accuracy von 41,55% für das MLP konnte eine deutliche Steigerung verzeichnet werden. Für das PNN hat sich die Accuracy mit 66,17% hingegen kaum verändert. Mit der ermittelten Parametereinstellung wurden anschließend ein MLP (Abbildung 4-82) mit 335.374 Trainingsdaten und ein PNN (Abbildung 4-83) mit 150.000 Trainingsdaten trainiert. Hierdurch konnte die durchschnittliche Accuracy für das PNN auf 72,60% gesteigert werden. Für das MLP hat sich die durchschnittliche Accuracy mit 41,04% hingegen nicht verbessert. (Elser et al. 2021)

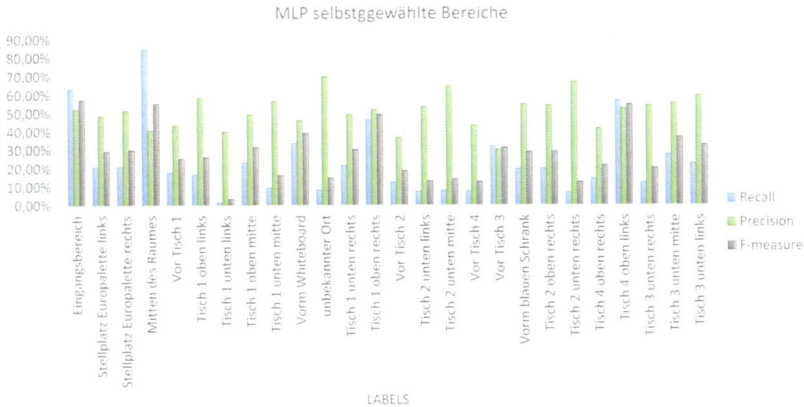

Abbildung 4-82: Ergebnisse der Lokalisierung selbstgewählter Bereiche mit einem MLP (Jongebloed 2019)

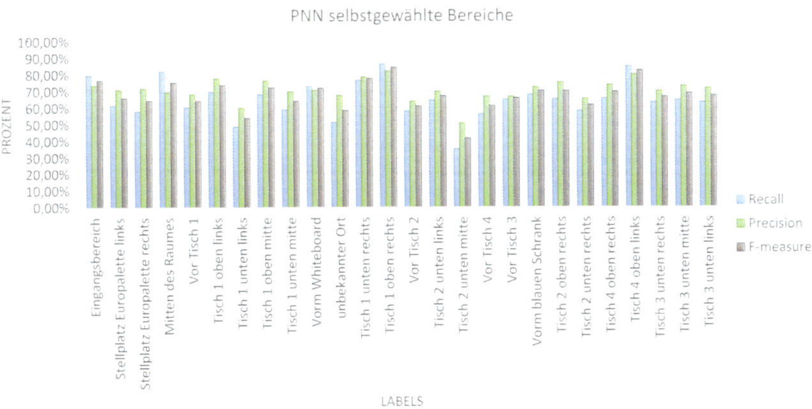

Abbildung 4-83: Ergebnisse der Lokalisierung selbstgewählter Bereiche mit einem PNN (Jongebloed 2019)

Bei einer detaillierten Betrachtung der verschiedenen selbstgewählten Bereiche fällt auf, dass die verschiedenen Kennzahlen beim MLP erneut zum Teil starken Schwankungen unterliegen. Beim PNN sind hingegen generelle Unterschiede zwischen den verschieden selbstgewählten

Bereichen zu erkennen. So werden selbstgewählte Bereiche auf den Tischen tendenziell mit einer höheren Wahrscheinlichkeit wieder erkannt als Bereiche unter das Tischen. Dies kann auf eine geringere Distanz und direkte Sichtverbindung zwischen Location Tag und Location Reader für die Bereiche auf den Tischen zurückgeführt werden.

Physische Lokalisierung über kartesische Koordinaten

Für die physische Lokalisierung über kartesische Koordinaten wird für jede Koordinatenrichtung ein künstliches neuronales Netz trainiert. Da die Netztypen und die Trainingsdaten identisch zu den bereits untersuchten Formen der Lokalisierung sind, wird auf eine weitere Parameteroptimierung verzichtet. Für das Training des MLP wurden fünf verdeckte Schichten mit je 90 Neuronen verwendet, während das PNN mit einem Theta-Minus-Wert von 0,1 und einem Theta-Plus-Wert von 0,9 trainiert wurde. Insgesamt wurden drei MLP und drei PNN trainiert. Der Trainingsdatensatz für jedes Netz umfasste je 100.000 Datensätze. Für das MLP wurde bei dieser Form der Lokalisierung eine Regression anstatt einer Klassifizierung gewählt. Das ist möglich, wenn Zahlen anstatt von Labels bzw. Klassen vorhergesagt werden sollen. Hierdurch können durch das MLP auch Werte zwischen den eigentlichen Zahlen (z. B. x = 0,16 m) ausgegeben werden. Das PNN wurde unverändert eingesetzt.

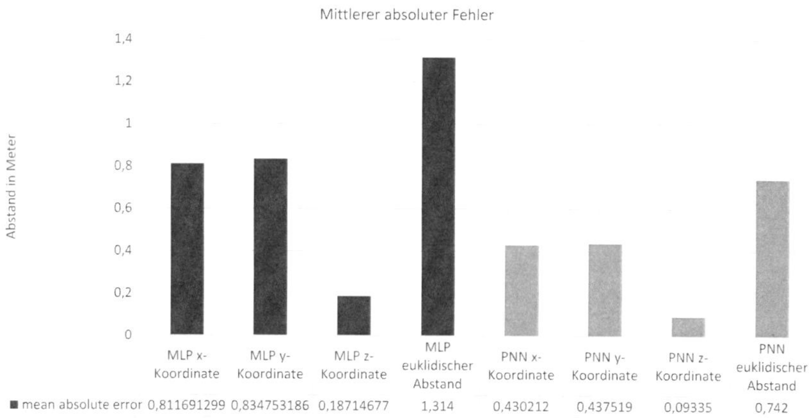

Abbildung 4-84: Darstellung des Mittleren Fehlers bei der Lokalisierung über kartesische Koordinaten durch MLP und PNN (Elser et al. 2021; Jongebloed 2019)

Vergleicht man die Netztypen, so hat das PNN in den einzelnen Koordinatenrichtungen nahezu doppelt so gute Ergebnisse erzielt wie das MLP (Abbildung 4-84). Die Unterschiede zwischen den einzelnen Koordinatenrichtungen lassen sich dadurch erklären, dass in z-Richtung nur zwischen drei Werten – Boden, Ablagefläche unter den Tischen und Arbeitsfläche auf den Tischen – differenziert werden muss. Über das Messraster mit einer Kantenlänge von 0,1 m, müssen in y-Richtung hingegen 46 Werte und in x-Richtung 51 Werte differenziert werden.

4.4.4 Fazit zur Leistungsfähigkeit des Indoor Echtzeit-Lokalisierungssystems

Im Rahmen der Untersuchungen der Leistungsfähigkeit des Indoor Echtzeit-Lokalisierungssystems konnte gezeigt werden, dass ein Indoor Echtzeit-Lokalisierungssystem auf Basis von Bluetooth LE grundlegend für die Rückverfolgung von Bauteilen im Bereich weniger Meter geeignet ist. Der Einsatz von Fingerprinting in Verbindung mit künstlichen neuronalen Netzen erwies sich als besonders vorteilhaft im Hinblick auf die Kompensation der verschiedenen Einflussgrößen auf das Systemverhalten, wie z. B. Mehrwegempfang durch reflektierende Oberflächen im Messumfeld. Die für diesen Ansatz benötigten Trainingsdaten stellen wiederum einen Nachteil dar, da die Daten für jede neue Umgebung erneut erfasst werden müssen. Die Erstellung der erforderlichen Trainingsdaten ist ein sehr zeitaufwändiger Prozess, der für die praktische Implementierung eines solchen Systems in der Einzel- und Kleinserienfertigung vereinfacht werden muss. Es gibt verschiedene Möglichkeiten zur Reduzierung des zeitlichen Aufwands, wie beispielsweise den Ansatz des „Transfer Learning" unter Einsatz vortrainierter künstlicher neuronaler Netze. Eine weitere Einschränkung des vorgestellten Ansatzes ist die gleichmäßige Ausrichtung der BLE-Beacons während des Experiments. In der Praxis würden die BLE Beacons vermutlich in unterschiedlichen Ausrichtungen platziert werden. Dieser Nachteil könnte ausgeglichen werden, indem die Orientierungssensordaten des Bluetooth LE Beacons in das Modell aufgenommen werden. Der Ansatz berücksichtigt aktuell auch noch keine dynamischen Änderungen in der Arbeitsumgebung, wie z. B. Mitarbeiter im Messbereich. Diese Herausforderung könnte durch die Einbeziehung der Referenz-Beacon zur Erkennung von Störungen adressiert werden, die bei der Aufnahme der Testdatensätze bereits berücksichtigt wurden. Hierzu müssten die künstlichen neuronalen Netze jedoch erneut unter Berücksichtigung dieser Störungen trainiert werden. (Elser et al. 2021)

5 Zusammenfassung und Ausblick

Die Zielsetzung dieser Arbeit war die Beantwortung der folgenden übergeordneten Forschungsfrage:

Eignet sich Bluetooth Low Energy als Technologie für ein Indoor Echtzeit-Lokalisierungssystem zur Rückverfolgung von Bauteilen in der Einzel- und Kleinserienfertigung?

Zur Beantwortung dieser Forschungsfrage wurden folgende untergeordnete Forschungsfragen abgeleitet:

1. *Wie sieht ein Konzept für ein Indoor Echtzeit-Lokalisierungssystem auf Basis von Bluetooth Low Energy zur Rückverfolgung von Bauteilen in der Einzel- und Kleinserienfertigung aus?*
2. *Welche Einflüsse auf das Systemverhalten bestehen für ein Indoor Echtzeit-Lokalisierungssystem auf Basis von Bluetooth Low Energy zur Rückverfolgung von Bauteilen in der Einzel- und Kleinserienfertigung?*
3. *Wie hoch ist die Leistungsfähigkeit eines Indoor Echtzeit-Lokalisierungssystems auf Basis von Bluetooth Low Energy zur Rückverfolgung von Bauteilen in der Einzel- und Kleinserienfertigung?*

Zur Beantwortung der ersten untergeordneten Forschungsfrage wurde, unter Berücksichtigung der Rahmenbedingungen in der Einzel- und Kleinserienfertigung und dem Stand der Technik, nachfolgendes auf Bluetooth Low Energy basierendes Konzept für ein Indoor Echtzeit-Lokalisierungssystem definiert (Abbildung 5-1).

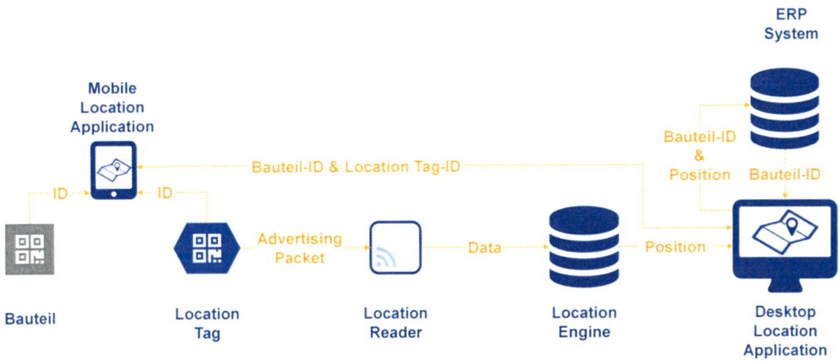

Abbildung 5-1: Konzept für ein Indoor Echtzeit-Lokalisierungssystem

Für das Indoor Echtzeit-Lokalisierungssystem wurde der Ansatz der Fremdortung (vgl. Kapitel 3.1.4) gewählt, wodurch die „Location Tags“ an den Bauteilen bzw. den dazugehörigen Ladungsträgern befestigt sind und durch stationäre „Location Readers“ im Produktionsumfeld erfasst werden. Basierend auf den über die „Location Readers“ erfassten Messwerten wird von einer „Location Engine“ die Position berechnet und dem Benutzer über eine „Location

Application" angezeigt. Systemseitig wird die Rückverfolgung der Bauteile durch eine Verknüpfung von Location Tag ID und Bauteil ID sowie einer Anbindung der „Location Application" an das ERP- bzw. MES-System des Unternehmens ermöglicht.

Zur Beantwortung der zweiten untergeordneten Forschungsfrage, wurden die für experimentelle Untersuchungen notwendigen Module des Indoor Echtzeit-Lokalisierungssystem – bestehende aus Location Tag, Location Reader und Location Engine – prototypisch umgesetzt. Ausgehend von einer systematischen Betrachtung potenzieller Einflussgrößen auf das Systemverhalten anhand der einzelnen Module des Indoor Echtzeit-Lokalisierungssystems, der Umwelt sowie der Messung selbst, wurden mit Hilfe dieses Prototyps die Einflüsse auf das Systemverhalten anhand von Versuchen im Produktions- und Laborumfeld untersucht.

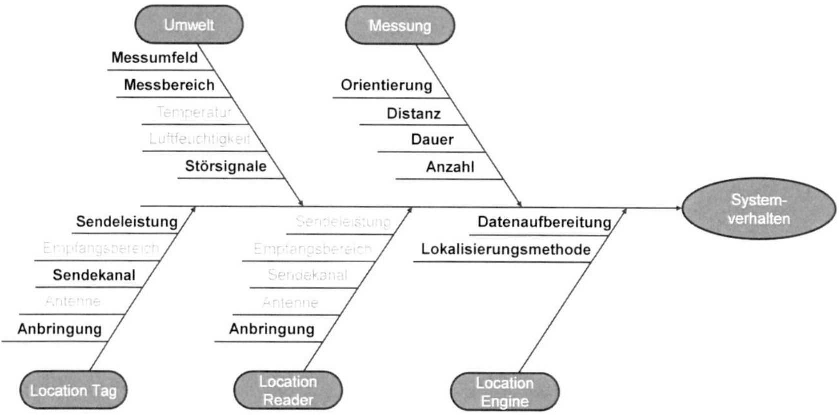

Abbildung 5-2: Übersicht Einflussgrößen auf das Systemverhalten

Basierend auf praktischen und theoretischen Untersuchungen, konnten die oben fett gedruckten Einflussgrößen (Abbildung 5-2) mit einem hohen Einfluss für das Systemverhalten eines Indoor Echtzeit-Lokalisierungssystems identifiziert werden. Hierbei ist anzumerken, dass es eine Vielzahl weiterer Einflussgrößen mit geringem Einfluss auf das Systemverhalten gibt und die Auflistung daher keinen Anspruch auf Vollständigkeit besitzt.

Zur Beantwortung der dritten untergeordneten Forschungsfrage wurde zunächst eine geeignete Lokalisierungsmethode für das Indoor Echtzeit-Lokalisierungssystem unter Berücksichtigung der zuvor gewonnen Erkenntnisse ausgewählt. Hierbei fiel die Auswahl auf die Lokalisierungsmethode des Fingerprintings unter Einsatz künstlicher neuronaler Netze. Zu Untersuchung der Leistungsfähigkeit dieser Lokalisierungsmethode wurden anschließend geeignete Testdatensätze unter industrieähnlichen Bedingungen erhoben, auf welchen die künstlichen neuronalen Netze angewendet werden konnten. Unter Einsatz eines probabilistischen neuronalen Netzwerks konnten die nachfolgenden Ergebnisse erzielt werden (Tabelle 5-1).

Tabelle 5-1: Ergebnisübersicht des probabilistischen neuronalen Netzwerks (Elser et al. 2021)

Positionsdarstellung	Wahrscheinlichkeit	Mittlere Genauigkeit
Lokalisierung auf ein Raster mit einem Meter Kantenlänge	69,58%	/
Lokalisierung auf selbstgewählte Bereiche	72,60%	/
Lokalisierung auf Koordinaten	/	0,74 m

Hierbei wurden drei unterschiedliche Arten der Positionsdarstellung hinsichtlich der Wahrscheinlichkeit einer korrekten Positionsvorhersage bzw. der mittleren Genauigkeit der Positionsabweichung bewertet. Innerhalb einer industrieähnlichen Umgebung konnte so ein Bauteil mit einer Wahrscheinlichkeit von 69,58% einem Raster mit einer Kantenläge von einem Meter korrekt zugeordnet werden. Darüber hinaus konnte ein Bauteil innerhalb selbstgewählter Bereiche, wie beispielsweise eines Montagearbeitsplatzes, mit einer Wahrscheinlichkeit von 72,60% korrekt geortet werden. Die Vorhersage einer exakten Position basierend auf einem kartesischen Koordinatensystem, war mit einer mittleren Genauigkeit von 0,74 m möglich.

Als Fazit hinsichtlich der übergeordneten Forschungsfrage kann daher festgehalten werden, dass Bluetooth Low Energy als Technologie für ein Indoor Echtzeit-Lokalisierungssystem zur Rückverfolgung von Bauteilen in der Einzel- und Kleinserienfertigung grundsätzlich geeignet ist, solange die Anforderung an die Genauigkeit sich im Bereich weniger Meter bewegt. Die Erstellung der erforderlichen Trainingsdaten und das Trainieren der künstlichen neuronalen Netze ist jedoch ein sehr zeitaufwändiger Prozess und müsste für die praktische Implementierung in der Einzel- und Kleinserienfertigung deutlich vereinfacht werden.

Eine der vielversprechendsten Entwicklungen für eine praktische Anwendung dieser Technologie für ein Indoor Echtzeit-Lokalisierungssystem stellt das in der Bluetooth Spezifikation Version 5.1 eingeführte Direction Finding dar. Das Direction Finding umfasst die Angle of Arrival (AoA) oder Angle of Departure (AoD) Lokalisierungsmethoden, die zur Richtungsermittlung eines Signals die Phasendifferenz nutzen. Hierfür wird zwischen Location Tag und Location Reader ein spezifisches Bluetooth LE Signal zur Richtungsermittlung übertragen. Unter optimalen Bedingungen sollen so eine Richtungsbestimmung auf +/- 5 Grad genau und somit unter Anwendung von Triangulation (vgl. Kapitel 3.3.4) eine mittlere Positionsgenauigkeit von unter einem Meter möglich sein. Erste Untersuchungen seitens der Hardwarehersteller zeigen jedoch, dass für eine praktische Anwendung unter industriellen Rahmenbedingungen auch hier noch weiterer Forschungsbedarf zur Erreichung dieser Genauigkeiten im industriellen Umfeld besteht.

6 Literaturverzeichnis

Ai, Haojun; Huang, Weiyi; Yang, Yuhong; Liao, Liang (2018): The BLE Fingerprint Map Fast Construction Method for Indoor Localization. In: Jaideep Vaidya und Jin Li (Hg.): Algorithms and architectures for parallel processing. 18th International Conference, ICA3PP 2018, Guangzhou, China, November 15-17, 2018 : proceedings, Bd. 11337. Cham: Springer International Publishing (LNCS Sublibrary, 11334-11337), S. 326–340.

Altini, Marco; Brunelli, Davide; Farella, Elisabetta; Benini, Luca (2010): Bluetooth Indoor Localization with Multiple Neural Networks. In: Maria Luisa Merani (Hg.): 5th IEEE International Symposium on Wireless Pervasive Computing (ISWPC), 2010. Palazzo Ducale, Modena, Italy, 5 - 7 May. IEEE. Piscataway, NJ: IEEE, S. 295–300. Online verfügbar unter http://ieeexplore.ieee.org/servlet/opac?punumber=5479087.

Apple (2014): Getting Started with iBeacon. Apple. Online verfügbar unter https://developer.apple.com/ibeacon/Getting-Started-with-iBeacon.pdf, zuletzt geprüft am 07.01.2020.

Apple (2015): Proximity Beacon Specification. Release R1. Online verfügbar unter https://developer.apple.com/ibeacon/, zuletzt geprüft am 07.10.2020.

Apple Inc.; Google LLC (Hg.) (2020): Exposure Notification. Bluetooth® Specification. Online verfügbar unter https://covid19-static.cdn-apple.com/applications/covid19/current/static/contact-tracing/pdf/ExposureNotification-BluetoothSpecificationv1.2.pdf?1, zuletzt geprüft am 07.10.2020.

Aschenbrenner, R.; Boomgaarden, J.; Buschmann, D.; Eichinger, J.; Elser, H.; Fensterle, R. et al. (2020): Bauteilortung und -verfolgung. In: Christian Brecher und Robert Schmitt (Hg.): Abschlussbericht zum Forschungsprojekt KoSyF - Kollaborativ-Synchronisierte Fertigung. 1. Auflage. Aachen: Apprimus Verlag (Forschungsbericht), S. 81–126.

Awange, Joseph L.; Grafarend, Erik W. (2002): Algebraic Solution of GPS Pseudo-Ranging Equations. In: *GPS Solutions* 5 (4), S. 20–32. DOI: 10.1007/PL00012909.

Bahl, Paramvir; Padmanabhan, Venkata N. (2000): RADAR: an in-building RF-based user location and tracking system. In: Proceedings IEEE INFOCOM 2000. Conference on Computer Communications. Nineteenth Annual Joint Conference of the IEEE Computer and Communications Societies (Cat. No.00CH37064). Proceedings IEEE INFOCOM 2000. Conference on Computer Communications. Nineteenth Annual Joint Conference of the IEEE Computer and Communications Societies (Cat. No.00CH37064) (2), 775-784 vol.2.

Benkic, K.; Malajner, M.; Planinsic. P.; Cucej, Z. (2008): Using RSSI value for distance estimation in wireless sensor networks based on ZigBee. In: 2008 15th International Conference on Systems, Signals and Image Processing. 2008 15th International Conference on Systems, Signals and Image Processing, S. 303–306.

Berthold, Michael R.; Diamond, Jay (1998): Constructive training of probabilistic neural networks. In: *Neurocomputing* 19 (1-3), S. 167–183. DOI: 10.1016/S0925-2312(97)00063-5.

Blasio, Gabriele S. de; Quesada-Arencibia, A.; García, Carmelo R.; Rodríguez-Rodríguez, José Carlos (2020): Bluetooth Low Energy Technology Applied to Indoor Positioning Systems: An Overview. In: Roberto Moreno-Díaz, Franz Pichler und Alexis Quesada-Arencibia (Hg.): COMPUTER AIDED SYSTEMS THEORY - EUROCAST 2019. 17th International Conference, Las Palmas de Gran Canaria, Spain, February 17–22, 2019, Revised Selected Papers, Part I, Bd. 12013. [S.l.]: SPRINGER NATURE (Lecture Notes in Computer Science, 12013), S. 83–90.

Bluetooth SIG (Hg.) (2020): Market Update 2020. Online verfügbar unter file:///C:/Users/Hannes/AppData/Local/Temp/2020_Market_Update-EN.pdf, zuletzt geprüft am 11.08.2020.

blueZ (2020): BlueZ - Official Linux Bluetooth protocol stack. Hg. v. blueZ. Online verfügbar unter http://www.bluez.org/, zuletzt geprüft am 20.03.2020.

Brecher, Christian; Schmitt, Robert (Hg.) (2020): Abschlussbericht zum Forschungsprojekt KoSyF - Kollaborativ-Synchronisierte Fertigung. 1. Auflage. Aachen: Apprimus Verlag (Forschungsbericht).

Buschmann, Daniel (2018): Entwicklung eines Unsicherheitsmodells zur Lokalisierung von Bauteilen mit BLE-Beacons in der Einzel- und Kleinserienfertigung. Masterarbeit. RWTH Aachen, Aachen. Werkzeugmaschinenlabor WZL, Lehrstuhl für Fertigungsmesstechnik und Qualitätsmanagement.

Cannizzaro, Davide; Zafiri, Marina; Jahier Pagliari, Daniele; Patti, Edoardo; Macii, Enrico; Poncino, Massimo; Acquaviva, Andrea (2020): A Comparison Analysis of BLE-Based Algorithms for Localization in Industrial Environments. In: *Electronics* 9 (1), S. 44. DOI: 10.3390/electronics9010044.

Cantón Paterna, Vicente; Calveras Augé, Anna; Paradells Aspas, Josep; Pérez Bullones, María Alejandra (2017): A Bluetooth Low Energy Indoor Positioning System with Channel Diversity, Weighted Trilateration and Kalman Filtering. In: *Sensors (Basel, Switzerland)* 17 (12). DOI: 10.3390/s17122927.

Core Specification Working Group (2010): BLUETOOTH SPECIFICATION Version 4.0. Hg. v. Bluetooth SIG. Online verfügbar unter https://www.bluetooth.org/docman/handlers/downloaddoc.ashx?doc_id=456433, zuletzt geprüft am 06.10.2020.

Core Specification Working Group (2019): Bluetooth Core Specification. Version 5.2. Hg. v. Bluetooth SIG. Online verfügbar unter https://www.bluetooth.org/docman/handlers/downloaddoc.ashx?doc_id=478726, zuletzt geprüft am 11.08.2020.

Cuadra-Troncoso, J. M.; Rivas-Casado, A.; Álvarez-Sánchez, J. R.; La Paz-López, F. de; Obregón-Castellanos, D. (2015): Towards Robot Localization Using Bluetooth Low Energy Beacons RSSI Measures. In: José Manuel Ferrández Vicente, José Ramón Álvarez-Sánchez, Félix de La Paz López, Fco. Javier Toledo-Moreo und Hojjat Adeli (Hg.): Bioinspired Computation in Artificial Systems, Bd. 9108. Cham: Springer International Publishing (Lecture Notes in Computer Science), S. 222–231.

Cypress (2017): CYW43438 Single-Chip IEEE 802.11ac b/g/n MAC/Baseband/Radio with Integrated Bluetooth 4.1 and FM Receiver. Hg. v. Cypress, zuletzt geprüft am 16.07.2017.

Davidson, Pavel; Piche, Robert (2017): A Survey of Selected Indoor Positioning Methods for Smartphones. In: *IEEE Commun. Surv. Tutorials* 19 (2), S. 1347–1370. DOI:10.1109/COMST.2016.2637663.

Dolezalek, Carl Martin (1973): Planung von Fabrikanlagen. Berlin, Heidelberg: Springer Berlin Heidelberg, zuletzt geprüft am 07.09.2016.

Donaubauer, Tobias (2019): Whitepaper. Indoor Positionsbestimmung & Services. infsoft GmbH. Online verfügbar unter https://www.infsoft.com/Portals/0/Images/solutions/basics/whitepaper/infsoft-Whitepaper-DE-Indoor-Positionsbestimmung_download.pdf, zuletzt geprüft am 11.08.2020.

Elser, Hannes (2017): Studie: Industrie 4.0 in der Einzelfertigung. Hg. v. ife Netzwerk für Einzelfertiger. Online verfügbar unter https://www.ife-institut-einzelfertiger.de/teilnehmer-fuer-forschungsprojekt-gesucht-industrie-4-0-fuer-einzelfertiger-anmeldefrist-31-01-2016/.

Elser, Hannes; Fimmers, Christian; Groggert, Sebastian; Schmitt, Robert H.; Brecher, Christian (2018): Process quality improvement through collaboration in synchronized individual production companies. In: *Procedia CIRP* 67, S. 589–594. DOI: 0.1016/j.procir.2017.12.266.

Elser, Hannes; Jongebloed, Philip; Buschmann, Daniel; Ellerich, Max; Schmitt, Robert H. (2021): Potentials of Bluetooth Low Energy Beacons for order tracing in single and small batch production. In: *Procedia CIRP* 97, S. 202–210. DOI: 10.1016/j.procir.2020.05.226.

Ertel, Wolfgang (2017): Introduction to Artificial Intelligence. 2nd ed. 2017. Cham: Springer International Publishing (Undergraduate Topics in Computer Science).

Estimote (2017): Estimote Products. Online verfügbar unter https://estimote.com/products/, zuletzt aktualisiert am 04.09.2017, zuletzt geprüft am 22.09.2017.

Eversheim, Walter (1996): Organisation in der Produktionstechnik. Band 1: Grundlagen. Dritte, neu bearbeitete und erweiterte Auflage. Berlin, Heidelberg: Springer (Studium und Praxis).

Faragher, Ramsey; Harle, Robert (2015): Location Fingerprinting With Bluetooth Low Energy Beacons. In: *IEEE J. Select. Areas Commun.* 33 (11), S. 2418–2428. DOI: 10.1109/JSAC.2015.2430281.

Finkenzeller, Klaus; Gebhart, Michael (Hg.) (2015): RFID-Handbuch. Grundlagen und praktische Anwendungen von Transpondern, kontaktlosen Chipkarten und NFC. 7., aktualisierte und erweiterte Auflage. München: Hanser.

Forschungsunion, acatech (Hg.) (2013): Umsetzungsempfehlungen für das Zukunftsprojekt Industrie 4.0. Frankfurt/Main.

Frohberg, Wolfgang; Bluschke, Andreas (Hg.) (2008): Taschenbuch der Nachrichtentechnik. Mit 57 Tabellen. 1. Aufl. s.l.: Carl Hanser Fachbuchverlag. Online verfügbar unter http://www.hanser-elibrary.com/action/showBook?doi=10.3139/9783446418172.

Gessler, Ralf; Krause, Thomas (2015): Wireless-Netzwerke für den Nahbereich. Eingebettete Funksysteme: Vergleich von standardisierten und proprietären Verfahren. 2., aktualisierte und erw. Aufl. Wiesbaden: Springer Vieweg.

Giovanelli, Davide; Farella, Elisabetta; Fontanelli, Daniele; Macii, David (2018): Bluetooth-Based Indoor Positioning Through ToF and RSSI Data Fusion. In: 2018 International Conference on Indoor Positioning and Indoor Navigation (IPIN). 2018 International Conference on Indoor Positioning and Indoor Navigation (IPIN), S. 1–8.

Google (2016): GitHub Eddystone Protocol Specification. Google. Online verfügbar unter https://github.com/google/eddystone/blob/master/protocol-specification.md, zuletzt geprüft am 07.10.2020.

Hashemi Fath, Aref; Madanifar, Farshid; Abbasi, Masood (2020): Implementation of multilayer perceptron (MLP) and radial basis function (RBF) neural networks to predict solution gas-oil ratio of crude oil systems. In: *Petroleum* 6 (1), S. 80–91. DOI: 10.1016/j.petlm.2018.12.002.

Hevner, Alan R. (2007): A three cycle view of design science research. In: *Scandinavian journal of information systems* 19 (2), S. 4.

Hevner, Alan R.; Salvatore, March T.; Park, Jinsoo; Ram, Sudha (2004): Design Science in Information Systems Research. In: *MIS quarterly* 28 (1), S. 75–105.

Hightower, J.; Borriello, G. (2001): Location systems for ubiquitous computing. In: *Computer* 34 (8), S. 57–66. DOI: 10.1109/2.940014.

Hohenstein, Frank; Günther, W. A. (2012): Anforderungen und Fähigkeiten gegenwärtiger Stapler – Lokalisierung.

ISO/IEC 18305:2016(E), 01.11.2016: ISO/IEC 18305:2016(E).

ISO/IEC 24730-1:2014(E), 15.02.2014: ISO/IEC 24730-1.

ISO/IEC 24730-2, 01.06.2012: ISO/IEC 24730-2.

Jongebloed, Philip (2019): Training und Vergleich eines künstlichen neuronalen Netzwerkes zur Indoor-Lokalisierung auf Basis von Bluetooth Low Energy Beacons mit herkömmlichen Lokalisierungsmethoden. Masterarbeit. RWTH Aachen University, Aachen. Werkzeugmaschinenlabor WZL, Lehrstuhl für Fertigungsmesstechnik und Qualitätsmanagement.

Kajioka, Shinsuke; Mori, Tomoya; Uchiya, Takahiro; Takumi, Ichi; Matsuo, Hiroshi (2014): Experiment of indoor position presumption based on RSSI of Bluetooth LE beacon. In: Consumer Electronics (GCCE), 2014 IEEE 3rd Global Conference on. Date 7-10 Oct. 2014. 2014 IEEE 3rd Global Conference on Consumer Electronics (GCCE). Tokyo, Japan, 10/7/2014 - 10/10/2014. [Piscataway, New Jersey]: IEEE, S. 337–339.

Konstantinos, Kotrotsios; Orphanoudakis, Theofanis (2019): Bluetooth Beacon Based Accurate Indoor Positioning Using Machine Learning. In: SEEDA-CECNSM 2019. 4th South-East Europe Design Automation, Computer Engineering, Computer Networks and Social Media Conference : 20-22 September, Piraeus, Greece, University of Piraeus-Main Conference

Room. 2019 4th South-East Europe Design Automation, Computer Engineering, Computer Networks and Social Media Conference (SEEDA-CECNSM). Piraeus, Greece, 9/20/2019 - 9/22/2019. Piscataway, NJ: IEEE, S. 1–6.

Kopetz, Hermann (2011): Real-time systems: design principles for distributed embedded applications: Springer Science & Business Media.

Kriz, Pavel; Maly, Filip; Kozel, Tomas (2016): Improving Indoor Localization Using Bluetooth Low Energy Beacons. In: *Mobile Information Systems* 2016, S. 1–11. DOI: 10.1155/2016/2083094.

Leith, Douglas J.; Farrell, Stephen (2020): Measurement-Based Evaluation Of Google/Apple Exposure Notification API For Proximity Detection in a Commuter Bus.

Lie, Koon Kee; Yeo, Kwok Shien; Ngoh Ting, Alvin Kee; Tze Chieng, David Heng (2020): Indoor Tracking with Bluetooth Low Energy Devices Using K-Nearest Neighbour Algorithm. In: ISCAIE 2020. IEEE 10th Symposium on Computer Applications and Industrial Electronics : Malaysia, 18-19 April 2020. 2020 IEEE 10th Symposium on Computer Applications & Industrial Electronics (ISCAIE). Malaysia, 4/18/2020 - 4/19/2020. [Piscataway, New Jersey]: IEEE, S. 155–159.

Liu, Hui; Darabi, Houshang; Banerjee, Pat; Liu, Jing (2007): Survey of wireless indoor positioning techniques and systems. In: *IEEE Transactions on Systems, Man, and Cybernetics, Part C (Applications and Reviews)* 37 (6), S. 1067–1080.

Luomala, Jari; Hakala, Ismo (2015): Effects of Temperature and Humidity on Radio Signal Strength in Outdoor Wireless Sensor Networks. In: 2015 Federated Conference on Computer Science and Information Systems, September 13–16, 2015: IEEE (Annals of Computer Science and Information Systems), S. 1247–1255.

Mansfeld, W. (2010): Satellitenortung und Navigation. Grundlage, Wirkungsweise und Anwendung globaler Satellitennavigationssysteme. 3., überarbeitete und aktualisierte Auflage. Wiesbaden: Vieweg + Teubner, zuletzt geprüft am 13.07.2017.

Martin Woolley (2019): Bluetooth Direction Finding. A Technical Overview. Hg. v. Bluetooth SIG.

Martins, Pedro; Abbasi, Maryam; Sá, Filipe; Cecílio, José; Morgado, Francisco; Caldeira, Filipe (2019): Improving bluetooth beacon-based indoor location and fingerprinting. In: *J Ambient Intell Human Comput.* DOI: 10.1007/s12652-019-01626-2.

MathWorks (2017): Curve Fitting Toolbox - Matlab. Online verfügbar unter https://de.mathworks.com/products/curvefitting.html, zuletzt aktualisiert am 14.08.2017, zuletzt geprüft am 14.08.2017.

Meinberg, Uwe; Topolewski, Frank (1995): Lexikon der Fertigungsleittechnik. Berlin: Springer.

Mesh Working Group (2020): Mesh Device Properties. Hg. v. Bluetooth SIG. Bluetooth SIG.

Mohebali, Behshad; Tahmassebi, Amirhessam; Meyer-Baese, Anke; Gandomi, Amir H. (2020): Probabilistic neural networks: a brief overview of theory, implementation, and application. In: Handbook of Probabilistic Models: Elsevier, S. 347–367.

Morgado, Francisco; Martins, Pedro; Caldeira, Filipe (2019): Beacons positioning detection, a novel approach. In: *Procedia Computer Science* 151, S. 23–30. DOI: 10.1016/j.procs.2019.04.007.

Niehues, Michael; Nissen, Fabian; Reinhart, Gunther (2012): Moderne Werkstattfertigung. In: *ZWF* 107 (12), S. 892–896. DOI: 10.3139/104.110872.

Norrdine, A. (2008): Direkte Lösung des räumlichen Bogenschnitts mit Methoden der Linearen Algebra. In: *Allgemeine Vermessungs-Nachrichten (AVN)* 1, S. 7–9.

Norrdine, Abdelmoumen (Hg.) (2012): An Algebraic Solution to the Multilateration Problem. nternational Conference on Indoor Positioning and Indoor Navigation. Sydney, Australia.

Papp, Stefan; Weidinger, Wolfgang; Meir-Huber, Mario; Ortner, Bernhard; Langs, Georg; Wazir, Rania (2019): Handbuch Data Science. Mit Datenanalyse und Machine Learning Wert aus Daten generieren. München, © 2019: Hanser.

Peffers, Ken; Tuunanen, Tuure; Rothenberger, Marcus A.; Chatterjee, Samir (2007): A Design Science Research Methodology for Information Systems Research. In: *Journal of management information systems* 24 (3), S. 45–77. DOI: 10.2753/MIS0742-1222240302.

Piotr Krawiec (2019): Estimote Telemetry Protocol Specifications. Version 977abae: Estimote. Online verfügbar unter https://github.com/Estimote/estimote-specs/blob/master/estimote-telemetry.js, zuletzt geprüft am 05.06.2019.

Poniszewska-Maranda, Aneta; Matusiak, Radosław; Kryvinska, Natalia; Yasar, Ansar-Ul-Haque (2020): A real-time service system in the cloud. In: *J Ambient Intell Human Comput* 11 (3), S. 961–977. DOI: 10.1007/s12652-019-01203-7.

Pötters, Patrick; Leyendecker, Bert; Ohlig, Jasmin; Schmitt, Robert (2018): Verbreitungsgrad von Optimierungsmethoden in der Produktion: Eine quantitative Untersuchung. Wissenschaftliche Schriften des Fachbereichs Wirtschaftswissenschaften.

Qiu, Xinyou; Wang, Bowen; Wang, Jian; Shen, Yuan (2020): AOA-Based BLE Localization with Carrier Frequency Offset Mitigation. In: 2020 IEEE International Conference on Communications workshops (ICC). Proceedings : Dublin, Ireland, 7-11 June 2020. 2020 IEEE International Conference on Communications Workshops (ICC Workshops). Dublin, Ireland, 6/7/2020 - 6/11/2020. [Piscataway, NJ]: IEEE, S. 1–5.

Radius Network (2015): GitHub AltBeacon Protocol Specification v1.0. Hg. v. Radius Network. Online verfügbar unter https://github.com/AltBeacon/spec, zuletzt geprüft am 07.10.2020.

Riedmiller, M.; Braun, H. (1993): A direct adaptive method for faster backpropagation learning: the RPROP algorithm. In: 1993 IEEE International Conference on Neural Networks. San

Francisco, California, March 28 - April 1, 1993. IEEE International Conference on Neural Networks. San Francisco, CA, USA, 28 March-1 April 1993. International Conference on Neural Networks. New York, NY: IEEE, S. 586–591.

Robert Koch Institut (Hg.) (2020a): Kennzahlen zur CORONA-WARN-APP. Online verfügbar unter https://www.rki.de/DE/Content/InfAZ/N/Neuartiges_Coronavirus/WarnApp/Kennzahlen.pdf?__blob=publicationFile.

Robert Koch Institut (Hg.) (2020b): So funktioniert die Corona-Warn-App im Detail. Online verfügbar unter https://www.rki.de/DE/Content/InfAZ/N/Neuartiges_Coronavirus/WarnApp/Funktion_Detail.pdf?__blob=publicationFile, zuletzt geprüft am 18.08.2020.

Röhrig, Christof; Lategahn, Julian; Müller, Marcel; Kolibius, Raoul (2015): Anwendung von Real Time Locating Systems (RTLS) in der Sicherungstechnik-Verfahren und Technologien von Bluetooth Low Energy (BLE) bis Ultra Wide Band (UWB). In: *Tagungsband Innosecure*, S. 31–39.

Rosenblatt, F. (1958): The perceptron: a probabilistic model for information storage and organization in the brain. In: *Psychological Review* 65 (6), S. 386–408. DOI: 10.1037/h0042519.

Schuh, Günther; Stich, Volker (2012): Produktionsplanung und -steuerung 1. 4. überarb. Auflage. Berlin: Springer Vieweg, zuletzt geprüft am 28.05.2017.

Silicon Labs (2017): BGM111 Blue Gecko Bluetooth® Module Data Sheet. Hg. v. Silicon Laboratories Inc., zuletzt geprüft am 01.09.2018.

Specht, Donald F. (1990): Probabilistic neural networks. In: *Neural Networks* 3 (1), S. 109–118. DOI: 10.1016/0893-6080(90)90049-Q.

statista (2020a): Kleine und mittlere Unternehmen (KMU) in Deutschland. Hg. v. statista.

statista (2020b): Marktprognosen Deutschland. Hg. v. statista.

Subhan, F.; Hasbullah, H.; Rozyyev, A.; Bakhsh, S. T. (2011): Indoor positioning in Bluetooth networks using fingerprinting and lateration approach. In: ICISA 2011. 2011 International Conference on Information Science and Applications (ICISA 2011). Jeju Island, 26.04.2011 - 29.04.2011. [Piscataway, NJ]: IEEE, S. 1–9.

Subhan, Fazli; Khan, Asfandyar; Saleem, Sajid; Ahmed, Shakeel; Imran, Muhammad; Asghar, Zubair; Bangash, Javed Iqbal (2019): Experimental analysis of received signals strength in Bluetooth Low Energy (BLE) and its effect on distance and position estimation. In: *Trans Emerging Tel Tech*. DOI: 10.1002/ett.3793.

Unacast (Hg.) (Q3 2016): Proximity Marketing in Airports & Transportation. Unter Mitarbeit von Thomas Walle. Unacast. Online verfügbar unter https://unacast.s3.amazonaws.com/Proxbook_Report_Q3_2016.pdf, zuletzt geprüft am 11.08.2020.

van Veen, F.; Leijnen, S. (2019): The Neural Network Zoo. Online verfügbar unter https://www.asimovinstitute.org/neural-network-zoo, zuletzt aktualisiert am 22.04.2019, zuletzt geprüft am 11.05.2021.

Vlavianos, Angelos; Law, Lap Kong; Broustis, Ioannis; Krishnamurthy, Srikanth V.; Faloutsos, Michalis (2008): Assessing link quality in IEEE 802.11 Wireless Networks: Which is the right metric? In: PIMRC 2008. September 15-19, 2008, Cannes, Frances. 2008 IEEE 19th International Symposium on Personal, Indoor and Mobile Radio Communications (PIMRC). Cannes, France, 15.09.2008 - 18.09.2008. [Piscataway, NJ]: IEEE.

Vogel-Heuser, Birgit; Bauernhansl, Thomas; Hompel, Michael ten (Hg.) (2017): Handbuch Industrie 4.0 Bd.2. Automatisierung. 2. Aufl. 2017. Berlin, Heidelberg, s.l.: Springer Berlin Heidelberg (Springer Reference Technik). Online verfügbar unter http://dx.doi.org/10.1007/978-3-662-53248-5.

Weber, Wolfgang; Kabst, Rüdiger; Baum, Matthias (2018): Einführung in die Betriebswirtschaftslehre. 10., aktualisierte und überarbeitete Auflage. Wiesbaden: Springer Gabler.

Wiendahl, Hans-Peter (2019): Betriebsorganisation für Ingenieure. 9., vollständig überarbeitete Auflage.

Wiendahl, Hans-Peter; Reichardt, Jürgen; Nyhuis, Peter (2014): Handbuch Fabrikplanung. Konzept, Gestaltung und Umsetzung wandlungsfähiger Produktionsstätten. 2., überarb. und erw. Aufl. München: Hanser.

Wikner, Joakim; Rudberg, Martin (2005): Integrating production and engineering perspectives on the customer order decoupling point. In: *Int Jrnl of Op & Prod Mnagemnt* 25 (7), S. 623–641. DOI: 10.1108/01443570510605072.

Wittenbrink, Alexander (2017): Fremdortung von Bauteilen in der Einzel- und Kleinserienfertigung mit BLE-Beacons. Masterarbeit. RWTH Aachen University, Aachen. Werkzeugmaschinenlabor WZL, Lehrstuhl für Fertigungsmesstechnik und Qualitätsmanagement.

Woolley, Martin (2020): Bluetooth Core Specification Version 5.2. Feature Overview. Hg. v. Bluetooth SIG. Online verfügbar unter https://www.bluetooth.com/wp-content/uploads/2020/01/Bluetooth_5.2_Feature_Overview.pdf, zuletzt geprüft am 11.08.2020.

Zhuang, Yuan; Yang, Jun; Li, You; Qi, Longning; El-Sheimy, Naser (2016): Smartphone-Based Indoor Localization with Bluetooth Low Energy Beacons. In: *Sensors (Basel, Switzerland)* 16 (5). DOI: 10.3390/s16050596.

Zimmerman, Tim; Zimmermann, Annette (2020): Magic Quadrant for Indoor Location Services, Global. Hg. v. Gartner. Gartner. Online verfügbar unterhttps://www.gartner.com/doc/reprints?id=1-1Y3WBSQJ&ct=200108&st=sb, zuletzt geprüft am 08.11.2020.

V Anhang

A.1. Betreute Abschlussarbeiten

Im Rahmen der Erstellung dieser Arbeit wurden die nachfolgend aufgeführten Abschlussarbeiten betreut. Die im Rahmen der Betreuung der Arbeiten erlangten Kenntnisse sind entsprechend in die Erstellung dieser Dissertation eingeflossen.

- Masterarbeit zum Thema „Entwicklung eines Referenzmodells für eine kollaborativ synchronisierte Einzel- und Kleinserienfertigung", Frederik Lauer, 18. November 2016
- Masterarbeit zum Thema „Entwicklung eines Referenzprozesses für die Fertigungsabläufe einer kollaborativ synchronisierten Einzel- und Kleinserienfertigung am Beispiel des Werkzeugbaus", Patrick Scholz, 7. Dezember 2016
- Masterarbeit zum Thema „Weiterentwicklung eines Referenzmodells für eine kollaborativ-synchronisierte Einzel- und Kleinserienfertigung", Christoph Meier, 23. August 2017
- Masterarbeit zum Thema „Fremdortung von Bauteilen in der Einzel- und Kleinserienfertigung mit BLE-Beacons", Alexander Wittenbrink, 28. September 2017
- Projektarbeit zum Thema „Untersuchung der Fähigkeit von BLE-Beacons zur Lokalisierung von Bauteilen", Malte Seibt und Henry Stehle, 20. Februar 2018
- Masterarbeit zum Thema „Entwicklung eines Unsicherheitsmodells zur Lokalisierung von Bauteilen mit BLE-Beacons in der Einzel- und Kleinserienfertigung", Daniel Buschmann, 9. Oktober 2018
- Bachelorarbeit zum Thema "Validierung des Referenzmodells zur Einführung Kollaborativ-Synchronisierter Fertigung (KoSyF) am Beispiel der Gebr. Wolff GmbH & Co. KG", Felix Kaufmann, 15. Oktober 2018
- Projektarbeit zum Thema „Lokalisierung von Transportwagen mit BLE-Beacons in der Einzel- und Kleinserienfertigung", Niklas Schwark, Tim Schwark und Tobias Schulze, 18. September 2019
- Bachelorarbeit zum Thema „Potentialanalysis aktueller Verfahren zur Lokalisierung von Bauteilen in der Einzel- und Kleinserienfertigung über Bluetooth Low Energy Beacons", Hao Chen, 11. Oktober 2019
- Masterarbeit zum Thema „Training und Vergleich eines künstlichen neuronalen Netzwerkes zur Indoor-Lokalisierung auf Basis von Bluetooth Low Energy Beacons mit herkömmlichen Lokalisierungsmethoden", Philip Jongebloed, 4. November 2019

A.2. **Messdaten**

Die für die Untersuchung der Leistungsfähigkeit des Indoor Echtzeit-Lokalisierungssystems im Versuchsraum des Werkzeugmaschinenlabors (WZL) erhobenen Datensätze (Abbildung 4-56) können über den nachfolgenden Link von der Universitätsbibliothek der RWTH Aachen University abgerufen werden: https://doi.org/10.18154/RWTH-2022-02244

In der Reihe **Ergebnisse aus der Produktionstechnik** zuletzt erschienen:

Solf, Mareike:
Modellierung der Schleifkraft beim Kegelradschleifen
ISBN: 978-3-98555-106-4
Erscheinungsdatum: 12.08.2022

Schäkel, Martin:
Adaptiver laserunterstützter Tapewickelprozess für die Herstellung von Druckbehältern aus endlosfaserverstärkten Thermoplasten
ISBN: 978-3-98555-107-1
Erscheinungsdatum: 12.08.2022

Elser, Hannes:
Fähigkeit von Bluetooth Low Energy zur signalstärkebasierten Rückverfolgung von Bauteilen in der Einzel- und Kleinserienfertigung
ISBN: 978-3-98555-099-9
Erscheinungsdatum: 12.08.2022

Henkel, Jérôme
Strategien zur Steigerung der Flächeneffizienz von Fabriken im urbanen Umfeld ISBN
ISBN: 978-3-98555-098-2
Erscheinungsdatum: 27.07.2022

Busch, Max:
Intelligente Produktionsplanungsprozesse im Werkzeugbau
ISBN: 978-3-98555-095-1
Erscheinungsdatum: 14.07.2022

Eßer, Bastian:
Analyse des Betriebsverhaltens von Kugelgewindetrieben unter statischen axialen Betriebslasten
ISBN: 978-3-98555-065-4
Erscheinungsdatum: 11.07.2022

Fölling, Carsten:
Komplexitätsbeherrschung durch hybride Montageplanung
ISBN: 978-3-98555-090-6
Erscheinungsdatum: 30.06.2022

Schulz, Martin:
Optimierung des Temperaturfeldes beim Laserstrahlhärten
ISBN: 978-3-98555-078-4
Erscheinungsdatum: 23.06.2022

Ays, Johanna:
Kontextbasierte Integration agiler und plangetriebener Entwicklungsprozesse
ISBN: 978-3-98555-087-6
Erscheinungsdatum: 23.06.2022

Ebade Esfahani, Matthias:
Ontologie der Fabrikplanung mit Hilfe von Building Information Modeling (BIM)
ISBN: 978-3-98555-084-5
Erscheinungsdatum: 07.06.2022

Edition Wissenschaft
Apprimus

Maslo, Semir:

Simulation of the Dynamic Vibration Behaviour and Spindle Speed Optimization During the Milling Process of Turbomachinery Components

ISBN: 978-3-98555-082-1
Erscheinungsdatum: 25.05.2022

Goertz, David:

Gestaltungsmodell für eine vernetzte adaptive Montage im Werkzeugbau

ISBN 978-3-98555-072-2
Erscheinungsdatum: 05.05.2022

Wollbrink, Moritz:

Methodik zur Integration pulverbettbasierter additiver Fertigungstechnologien in Fertigungsprozessketten

ISBN 978-3-98555-070-8
Erscheinungsdatum: 22.04.2022

Menges, Alexander:

Bewertung von Produktvarianten mittels Process Data Mining

ISBN 978-3-98555-066-1
Erscheinungsdatum: 13.04.2022

Krauß, Jonathan:

Optimizing Hyperparameters for Machine Learning Algorithms in Production

ISBN 978-3-98555-020-3
Erscheinungsdatum: 13.04.2022

Schwenzer, Max:

Closing the Loop of Model Predictive Force Control in Milling with Ensemble Kalman Filtering

ISBN 978-3-98555-057-9
Erscheinungsdatum: 11.04.2022

Schmitz, Seth:

Datenbasierte Beschreibung der Prozessperformance in der Auftragsabwicklung

ISBN: 978-3-98555-079-1
Erscheinungsdatum: 19.05.2022

Scholz, Paul:

Applikation maschinell lernender Systeme in der vernetzten adaptiven Produktion

ISBN 978-3-98555-069-2
Erscheinungsdatum: 28.04.2022

Ochs, Jelena Katherina:

Model-Based Process Prediction for Predictive-Reactive Scheduling in Automated Stem Cell Production

ISBN 978-3-98555-059-3
Erscheinungsdatum: 22.04.2022

Fränken, Bastian:

Standortrollen in Produktionsnetzwerken

ISBN 978-3-98555-052-4
Erscheinungsdatum: 13.04.2022

Schäfer, Alexander:

Werkzeugseitiger Einsatz von NiTi-FGL zur Verbesserung der dynamischen Prozessstabilität bei der Fräsbearbeitung

ISBN 978-3-98555-060-9
Erscheinungsdatum: 11.04.2022

Grünebaum, Timm:

Methodik zur Gestaltung von Technologieketten und Prozessfolgen nach lebensphasenübergreifend ökologisch-ökonomischen Kriterien

ISBN 978-3-98555-043-2
Erscheinungsdatum: 24.03.2022

Edition Wissenschaft
Apprimus

MIX
Papier | Fördert gute Waldnutzung
FSC® C083411

Zeitfracht Medien GmbH
Ferdinand-Jühlke-Straße 7
99095 Erfurt, Deutschland
produktsicherheit@kolibri360.de